Einführung in die Philosophie der Mathematik

Jörg Neunhäuserer

Einführung in die Philosophie der Mathematik

2. Auflage

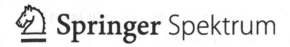
Springer Spektrum

Jörg Neunhäuserer
Goslar, Deutschland

ISBN 978-3-662-63713-5   ISBN 978-3-662-63714-2   (eBook)
https://doi.org/10.1007/978-3-662-63714-2

Die Deutsche Nationalbibliothek verzeichnet diese Publikation in der Deutschen Nationalbibliografie; detaillierte bibliografische Daten sind im Internet über http://dnb.d-nb.de abrufbar.

Planung/Lektorat: Andreas Rüdinger
Springer Spektrum ist ein Imprint der eingetragenen Gesellschaft Springer-Verlag GmbH, DE und ist ein Teil von Springer Nature.
Die Anschrift der Gesellschaft ist: Heidelberger Platz 3, 14197 Berlin, Germany

Danksagung

Ich möchte an dieser Stelle meinen Philosophie-Lehrern an der FU Berlin danken. Peter Birie, Holm Tetens, Bernhard Thöle, Markus Otto und Ursula Wolf habe ich manche Einsichten zu verdanken, die sich in keinem Lehrstoffplan finden.

Selbstverständlich gilt mein Dank auch wieder meinen Eltern und meiner Frau Katja Hedrich, die mittlerweile wohl mehr über Mathematik und deren Philosophie weiß, als sie je wissen wollte.

Mein besonderer Dank gilt weiterhin Andreas Rüdinger und dem Springer-Verlag, die dieses Buch ermöglicht haben.

Goslar, 2021   Jörg Neunhäuserer

Inhaltsverzeichnis

Wenn wir Philosophie als vernünftige Bezugnahme auf die Welt als Ganzes begreifen, so ist eine Philosophie der Mathematik eine vernünftige Bezugnahme auf die Mathematik als Ganzes. Wir erwarten von solch einer Bezugnahme in jedem Fall, dass sie verständlich und aussagekräftig ist, im Idealfall ist sie auch noch begründet. Eine Philosophie der Mathematik erscheint uns verständlich, wenn die verwendeten Begriffe einleuchtend erläutert werden oder sich zumindest zufriedenstellend deuten lassen und wenn zentrale Aussagen klar und unmissverständlich formuliert werden oder sich zumindest so formulieren lassen. Damit eine Philosophie der Mathematik aussagekräftig ist, muss sie notwendigerweise widerspruchsfrei sein. Widersprüchliche Aussagen erteilen uns keine Auskunft und aus ihnen folgt, gemäß der klassischen Logik, ganz Beliebiges. Die Aussagekraft einer verständlichen und widerspruchsfreien Philosophie misst sich daran, ob sie in der Lage ist, philosophische Fragen zu beantworten. In Bezug auf die Mathematik stellt sich zuerst die ontologische Frage, welche Art von Gegenständen die Mathematik untersucht und in welchem Sinne diese Gegenstände existieren. In welchem Sinne existieren Mengen, Relationen, Funktionen, Zahlen, Räume, geometrische Figuren usw. und welche Art von Gegenständen sind dies? Die zweite Frage, die sich stellt, ist die erkenntnistheoretische Frage, wie wir mathematisches Wissen erlangen und welche Art der Begründung mathematischer Aussagen anerkannt werden sollte. Warum dürfen wir die Aussagen mathematischer Theorien zu unserem Wissen zählen und wie lassen sich diese Aussagen rechtfertigen? Die dritte Frage, die sich stellt, ist die wissenschaftstheoretische Frage nach dem Verhältnis der Mathematik zu den anderen Wissenschaften. Welcher Zusammenhang besteht zwischen der Mathematik und der Physik, zwischen der Mathematik und der Informatik, usw.? Man mag in Bezug auf die Mathematik auch ethische und ästhetische Fragen stellen, diese sind allerdings in der Geschichte der Philosophie der Mathematik eher von untergeordneter Bedeutung. Liegt nun eine verständliche und aussagekräftige Philosophie der Mathematik vor, stellt sich die Frage nach deren Begründung. Es ist zu viel verlangt, eine Letztbegründung einer Philosophie der Mathematik, die ontologische oder erkenntnistheoretische Fragen

© Springer-Verlag GmbH Deutschland, ein Teil von Springer Nature 2021
J. Neunhäuserer, *Einführung in die Philosophie der Mathematik*,
https://doi.org/10.1007/978-3-662-63714-2_1

beantwortet, zu erwarten. Nichtsdestotrotz lässt sich, ausgehend von Grundintuitionen und wissenschaftlichen Befunden, für oder gegen eine Position in der Philosophie der Mathematik argumentieren. Solche Argumente sind wesentlicher Bestandteil der Philosophie der Mathematik, da sie logische Beziehungen zwischen philosophischen Aussagen offen legen.

Wir stellen in diesem Buch die maßgeblichen Positionen in der Philosophie der Mathematik vor. Dabei sind wir bestrebt, die Essenz einer Position in möglichst einfachen Thesen zu formulieren. Diese Thesen werden wir erläutern, ihre Auslegungen besprechen und Spezifikationen und Variationen angeben. Wir gehen jeweils auf den bibliografischen Hintergrund ein; der Leser erfährt, auf welche Philosophen und Werke eine Position in der Philosophie der Mathematik zurückgeht. Wenn uns dies besonders interessant oder relevant erscheint, skizzieren wir auch den biographischen oder historischen Kontext einer Position. Dieses Buch bietet dabei keine Geschichte der Philosophie der Mathematik. Der Gehalt philosophischer Positionen und ihre systematische Einordnung beschäftigen uns mehr als deren historische Genese und Wirkung. In manchen Fällen ist die Philosophie der Mathematik eines Philosophen untrennbar mit seinem philosophischen Gesamtentwurf verbunden. In diesen Fällen bieten wir eine kurze Zusammenfassung relevanter Aspekte eines philosophischen Systems an. Oftmals sind für die Philosophie der Mathematik Begriffe und Resultate der Logik und grundlegender mathematischer Disziplinen wie der Mengenlehre essenziell, in manchen Fällen ist auch die Entwicklung weiterführender mathematischer Theorien von Belang. Es ist ein Drahtseilakt alle entscheidenden Fakten zu vermitteln, ohne den Leser mit der Mathematik zu überfordern. Wir haben versucht, die unverzichtbaren mathematischen Ausführungen in diesem Buch so zu halten, dass sie auch für einen Nicht-Mathematiker verständlich sind, und können nur hoffen, dass uns dies gelungen ist.

Die wertfreie Darstellung maßgeblicher Positionen in der Philosophie der Mathematik ist in diesem Buch unser erstes Ziel, unser zweites Ziel ist die Kritik dieser Positionen. Darstellende Abschnitte wechseln in jedem Kapitel mit Abschnitten ab, die Argumentation, Wertungen und auch manch eine polemische Bemerkung enthalten. Wir geben nicht vor, in diesen Abschnitten unparteiisch zu sein, unsere Perspektive ist bestimmt durch unsere Position in der Philosophie der Mathematik. Wir sind Anhänger eines platonischen Realismus in der Ontologie der Mathematik, eines Rationalismus in der Erkenntnistheorie der Mathematik und einer wissenschaftstheoretischen Abgrenzung der Mathematik von den anderen Wissenschaften. Das heißt, dass wir der Überzeugung sind, dass die Gegenstände der Mathematik unabhängig von mentalen Vorgängen und jenseits der physikalischen Raum-Zeit existieren, dass wir mathematische Erkenntnisse durch unmittelbare rationale Einsicht und logische Deduktion gewinnen und dass die Mathematik durch ihre methodische Praxis klar von allen anderen Wissenschaften unterschieden ist. Diese Position ist nicht originell, eher konservativ und in der Philosophie der Mathematik umstritten. Vielleicht ist unsere Perspektive typisch für einen Mathematiker, der sich mit der Philosophie der Mathematik beschäftigt. In jedem Falle scheint unsere Position unter Mathematikern eher mehrheitsfähig als unter Philosophen zu sein. Wir sind nicht betrübt, wenn sich manch ein Leser nach der Lektüre dieses Buches unserer Position anschließt. Es freut uns aber genauso, wenn unsere Wertungen und Argumente Leser provozieren und zu Widerspruch anregen. Wenn dieses Buch einen kleinen Beitrag dazu leistet, dass ein Leser seine eigene Position in der Philosophie der Mathematik formulieren und begründen kann, erfüllt es seinen Zweck. Dem Leser, der interessiert ist, andere Perspektiven auf die Themen, die in diesem Buch verhandelt werden, kennenzulernen, empfehlen wir die Lektüre der Essays in der *Stanford Encyclopedia of Philosophy* und im *Oxford Handbook of Philosophy of Mathematics and Logic.*[1] Beide Quellen waren bei der Erstellung dieses Buches hilfreich und anregend.

Zur zweiten Auflage
In dieser erweiterten Fassung des Buches finden die Leser ein neues Kapitel zur Mathematik im deutschen Idealismus.

---

[1] Siehe Zalta Hrsg. (2017) und Shapiro (2007)

Pythagorismus

2

Inhaltsverzeichnis

2.1 Pythagoras und die Pythagoräer

Pythagoras war bereits in der Antike eine legendäre Gestalt; die Quellen sind im Hinblick auf seine Biographie nicht ganz eindeutig.[1] Pythagoras wurde vermutlich 570 v. Chr. auf der griechischen Insel Samos in der östlichen Ägäis nahe der Küste Kleinasiens geboren. Auf dem Festland unweit von Samos befand sich die antike griechische Stadt Milet, die als eine Wiege der Wissenschaft gilt, da dort die Naturphilosophen Thales (etwa 624–546 v. Chr.), Anaximander (etwa 610–547 v. Chr.) und Anaximenes (etwa 586–526 v. Chr.) wirkten. Pythagoras soll als junger Mann Reisen nach Ägypten und Babylonien unternommen und die dortigen Hochkulturen kennengelernt haben. Um 538 v. Chr. floh Pythagoras vor der Tyrannei des Polykrates (etwa 570–522 v. Chr.) aus Samos und ließ sich im griechisch besiedelten Unteritalien nieder. In der Stadt Kroton gründete er wohl um 530 v. Chr. den religiös-philosophischen Orden der Pythagoräer. Pythagoras war der Meister dieser Gemeinschaft und sein Wort hatte uneingeschränkte Autorität. Die Pythagoräer waren in Unteritalien auch politisch aktiv und gerieten in Konflikte mit anderen Gruppierungen. Um 500 v. Chr. musste Pythagoras aus Kroton fliehen und zog nach

---

[1]Eine wichtige Quelle ist die Philosophiegeschichte des antiken Philosophiehistorikers Diogenes Laertios aus dem 3. Jahrhundert n. Chr., siehe die deutsche Übersetzung in Laertios (2009). Die Darstellung von Diogenes Laertios stimmt aber nicht immer mit älteren Quellen überein, die wir in Mansfeld (1986) in deutscher Übersetzung finden.

© Springer-Verlag GmbH Deutschland, ein Teil von Springer Nature 2021
J. Neunhäuserer, *Einführung in die Philosophie der Mathematik*,
https://doi.org/10.1007/978-3-662-63714-2_2

Metapont, das zum neuen Zentrum der Pythagoräergemeinschaft wurde. Dort starb er wahrscheinlich nach 495 v. Chr. Bis ins vierte Jahrhundert vor Christus hatten die Pythagoräer politischen Einfluss in süditalienischen Städten, gegen Ende dieses Jahrhunderts scheint die Bewegung dann erloschen zu sein. Im 1. Jahrhundert v. Chr. kam es in der römischen Republik zu einer Wiederentdeckung pythagoräischen Gedankenguts und zu einer neupythagoräischen Strömung in der Philosophie, die bis in das 2. Jahrhundert n.Chr. wirksam bleib.

Weder Pythagoras noch seine unmittelbaren Schüler hinterließen Schriftliches. Es ist sogar überliefert, dass die Pythagoräer zur Geheimhaltung der Lehre ihres Meisters angehalten waren. Was Pythagoras lehrte, lässt sich daher nicht einwandfrei feststellen. Schon in der Antike kursierten unterschiedliche Darstellung der pythagoräischen Lehre und Historiker streiten auch heute noch darüber, welche Lehre wir Pythagoras zuschreiben dürfen. Die einen sehen in Pythagoras einen religiösen Führer, dem ein unfehlbarer Zugang zu göttlichem Wissen zugebilligt wurde. Die anderen sehen in ihm einen Naturphilosophen und Mathematiker, der sich um ein umfassendes Verständnis der Welt bemühte.[2] In jedem Falle waren die Pythagoräer Anhänger einer Reinkarnationslehre, nach der die Seele unsterblich ist und nach dem Tod in einem anderen Lebewesen wiedergeboren wird.[3] Diese Lehre war in der griechischen Kultur zur Zeit des Pythagoras nicht verbreitet, damals war vielmehr die Homerische Anschauung, dass die Seelen der Toten als Schatten in der Unterwelt weiter existieren, populär. Im Zusammenhang mit der Reinkarnationslehre sind religiöse Vorschriften und Rituale der Pythagoräer überliefert. Die Pythagoräer waren zum Beispiel dazu angehalten, das Leben beseelter Wesen zu schützen und sich vegetarisch zu ernähren. Die Legende besagt, dass Pythagoras sogar die Fähigkeit besessen haben soll, mit Tieren zu kommunizieren und sich an frühere Inkarnationen zu erinnern. Diese Fähigkeiten zählen eher nicht zur Kernkompentenz eines Philosophen und Mathematikers. Folgen wir der Darstellung des griechischen Philosophen Aristoteles (384–322 v. Chr.), erscheint uns Pythagoras jedoch in einem anderen Licht.[4] Er soll unter anderem eine Kosmogonie und Kosmologie, also eine Lehre der Erstehung und der Beschaffenheit des Kosmos, entwickelt haben, die auf den natürlichen Zahlen und deren Verhältnissen beruht. Wir gehen hierauf noch ausführlich im nächsten Abschnitt ein. Weiterhin ist davon auszugehen, dass Pythagoras den berühmten Satz, der seinen Namen trägt, tatsächlich kannte.[5] Siehe hierzu Abb. 2.1. Auch pythagoräische Tripel, also natürliche Zahlen a, b, c mit $a^2 + b^2 = c^2$, wie zum Beispiel 3, 4, 5 oder 5, 12, 13, sollen von Pythagoras erforscht worden sein. Ob Pythagoras einen Beweis des Satzes von Pythagoras kannte und ob er den Satz selbst entdeckt oder ihn auf seinen Reisen in den Orient kennengelernt hat, lässt sich

---

[2]Der Streit der Historiker führte zu zahlreichen Veröffentlichungen, wir verweisen hier auf den Eintrag zu Pythagoras in Zalta Hrsg. (2017) und die Bibliographie in diesem Artikel.
[3]Entscheidend ist hier das Fragment 7 des Xenophanes, der Zeitgenosse des Pythagoras war, siehe Heitsch (2014).
[4]Siehe hierzu Aristoteles (2003).
[5]Unter Historikern ist dies umstritten. Wir verlassen uns hier auf Proklos Kommentare zu Euklids Elementen, siehe Mansfeld (1986).

Abb. 2.1 Der Satz des
Pythagoras

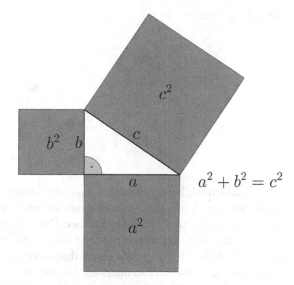

$$a^2 + b^2 = c^2$$

nicht mit Sicherheit sagen. Trotzdem scheint uns die Mathematik und deren Philosophie für die Weltanschauungen der Pythagoräer genauso grundlegend wie die
Reinkarnationslehre zu sein.

2.2 Ontologischer Pythagorismus

Ein starker bzw. ontologischer Pythagorismus in der Philosophie ist durch folgenden
Grundsatz charakterisiert:

Mathematische Gegenstände sind ontologisch fundamental, die Welt besteht aus
ihnen.

Diese These bedarf offenbar näherer Erläuterung. Welche mathematischen Gegen-
stände sind gemeint und welche Eigenschaften haben diese? Auf welche Art und
Weise konstituieren diese Gegenstände die Welt? Wir werden hier zunächst die Posi-
tion der Pythagoräer vorstellen, die Aristoteles in seiner Metaphysik beschreibt.[6]
Danach wollen wir versuchen eine zeitgenössische Erläuterung des ontologischen
Pythagorismus anzugeben, die manchem Leser reizvoll erscheinen mag.

   Die berühmte pythagoräische These *Alles ist Zahl* bedeutet, dass die natürlichen
Zahlen und deren Verhältnisse Grundbausteine der Welt sind. Gemäß der pythagoräischen Kosmogonie war am Anfang die Eins, als das Begrenzte und Begrenzende
im Unbegrenzten *(Aperion)*. Sie ist der Ursprung der Welt. Die Eins besitzt das Vermögen sich durch Spaltung zu reproduzieren. Sie atmet etwas Aperion, verdoppelt
sich und wird zur Zwei. Im nächsten Schritt entsteht die Drei usw. Um dies zu ver-

---

[6]Siehe hierzu Aristoteles (2003).

Abb. 2.2 Der Tetraktys

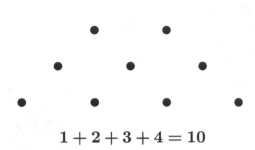

$$1 + 2 + 3 + 4 = 10$$

stehen, müssen wir berücksichtigen, dass die Pythagoräer Zahlen mit Punktmengen identifizieren und sich diese räumlich vorstellen. Eins ist •, Zwei ist zweimal die Eins mit etwas Leere dazwischen, also ••. Drei ist demgemäß • • • usw. Die Zehn wird mit dem Tetraktys identifiziert und hat für die Pythagoräer besondere Bedeutung, siehe Abb. 2.2. Sie ist für die Pythagoräer die *Quelle und Wurzel der ewig fließenden Natur* und repräsentiert die kosmische Gesamtheit. Mit dem Tetraktys entstehen gleichzeitig die harmonischen Verhältnisse 2 : 1, 3 : 2 und 4 : 3, also die Oktave, die Quinte und die Quarte. Diese sind für die Pythagoräer nicht nur Grundlage der Musik, sondern auch die Grundlage des Kosmos. Dieser ist durch die Harmonien optimal geordnet und die Kosmologie zeigt die gleichen Gesetzmäßigkeiten wie in der Musik. Die Pythagoräer sprechen von der *Harmonie der kosmischen Sphären* und die Legende besagt, dass Pythagoras diese hören konnte. Natürliche Zahlen werden nicht nur als Quantitäten begriffen; ihnen werden vielmehr quantitative Eigenschaften und reale Kräfte zugeschrieben. Die Zahl Zwei ist die Gegensätzlichkeit, der Unterschied und der Streit. Die Zahl Drei repräsentiert den Zyklus von Geburt, Leben und Tod bzw. Anfang, Mitte und Ende. Die geraden Zahlen stellen die weibliche und die ungeraden Zahlen die männliche Kraft dar. Die Fünf als Summe von Zwei und Drei ist die Ehe oder Gemeinschaft des Weiblichen und Männlichen. Man kann wohl zu Recht davon sprechen, dass die Pythagoräer einer Zahlenmystik zugeneigt waren.

Die Kosmogonie und Kosmologie der Pythagoräer mag von gewissen poetischem Reiz sein. Wenn wir die Erkenntnisse der zeitgenössischen Kosmologie zugrunde legen, sind diese jedoch unannehmbar. Einige natürliche Zahlen und rationale Verhältnisse sind als Beschreibung des Universums und seiner Entstehung mit Sicherheit nicht hinreichend. Interessanter ist die Philosophie der Mathematik der Pythagoräer. Für sie sind die Gegenstände der Mathematik, also insbesondere Zahlen, nicht abstrakt, sondern konkret. Sie sind physikalisch realisiert und wirksam. Diese Auffassung wird uns an einigen Stellen in diesem Buch wieder begegnen. Im zeitgenössischen ontologischen Naturalismus, im konkreten Strukturalismus und auch in gewissen Formen des Formalismus finden wir ähnliche Grundsätze. Siehe hierzu Kap. 9, Abschn. 11.3 und 12.4. Der entscheidende Unterschied zwischen der Haltung der Pythagoräer und diesen Ansätzen in der Philosophie der Mathematik besteht in der Annahme der Pythagoräer, dass die Gegenstände der Mathematik ontologisch fundamental sind und die Welt als Ganzes konstituieren. In allen anderen philosophischen Konzeptionen finden sich konkrete mathematische Gegenstände, Strukturen oder Formeln neben anderen konkreten Gegenständen der Welt. Sind wir bereit starke Annahmen zu machen, lässt sich ein ontologischer Pythagorismus aber auch zeitgemäß formulieren. Zunächst unterstellen wir, dass sich die Welt vollständig durch mathematisch formulierte Theorien beschreiben lässt. Es gibt Wissenschaftler, die tatsächlich davon überzeugt sind, dass dies möglich sein könnte. Insbesondere Physiker suchen nach einer Weltformel oder einer Theorie von Allem. Eine solche Theorie soll die vier bekannten physikalischen Kräfte vereinigen und sowohl die Eigenschaften der Elementarteilchen, also der Welt im Kleinen, als auch die Eigenschaften der Welt im Großen, also des Universums, beschreiben.[7] Liegt nun solch eine Theorie von Allem in der Sprache der Mathematik vor, könnten wir versuchen alle Gegenstände der Welt mit Gegenständen in unserer Theorie zu identifizieren. Philosophisch spricht man in diesem Fall von einer ontologischen Reduktion. So wie Wasser nichts anders ist als H_2O, könnten auf einer fundamentalen Ebene Elementarteilchen nichts anderes sein als Wahrscheinlichkeitsverteilungen auf einem Hilbert-Raum oder andere Gegenstände in unserem mathematischen Formalismus. Wären nun die Dinge, auf die wir alles zurückführen, tatsächlich mathematisch, so hätten wir einen ontologischen Pythagorismus begründet. Diese Argumentationslinie wird vermutlich manchen an der Mathematik orientierten Denkern zusagen. Uns ist jedoch kein zeitgenössischer Philosoph bekannt, der tatsächlich einen starken Pythagorismus vertritt, und es gibt gewichtige Argumente, die gegen diese Position sprechen. Erst einmal gibt es qualitative Aspekte der Welt, die sich einer mathematisch-naturwissenschaftlichen Beschreibung entziehen. Der Leser sollte hier an den Geruch einer Rose denken, und zwar nicht an den physiologischen Wahrnehmungsvorgang des Riechens, sondern daran, wie es für ihn ist, Rosengeruch zu riechen. Solche eigentümlichen Qualitäten sind irreduzible Bestandteile der Welt. Selbst wenn wir von solchen Aspekten der Welt absehen, ist ein starker Pythagorismus immer noch problematisch. Wir werden im nächsten Kapitel Argumente kennenlernen, die dafür sprechen, dass die Gegenstände der Mathematik nicht konkret, sondern abstrakt sind. Sollte dies richtig sein, ist eine ontologische Identifikation von konkreten Gegenständen der Welt mit mathematischen Gegenständen ausgeschlossen. Auch wenn eine naturwissenschaftliche Theorie mathematisch formuliert ist, bedeutet dies nicht, dass die Gegenstände der Theorie mathematische Gegenstände sind. Naturwissenschaftliche Theorien werden durch Beobachtungen und Experimente, also durch Erfahrung begründet, und beziehen sich daher auf die empirische Welt. Mathematische Theorien scheinen nicht auf Erfahrung zu beruhen und sich daher nicht auf die empirische Welt zu beziehen. Aus erkenntnistheoretischen Gründen ist damit die Identifikation von Gegenständen der Naturwissenschaften mit mathematischen Gegenständen fragwürdig. Wir werden auf diesen Punkt in Kap. 4 noch ausführlich eingehen. Auch andere monistische Ontologien als die pythagoräische, die nur die Existenz einer Art von Dingen annehmen, erscheinen uns heikel. Die Behauptungen *Alles ist physikalisch* oder *Alles ist mental* ziehen wie die Behauptung *Alles ist mathematisch,* erhebliche philosophische

---

[7]Siehe zum Beispiel Barrow (2007).

Schwierigkeiten nach sich. Dieses Thema wird uns insbesondere in Kap. 5, 8 und 12 beschäftigen.

Hier wollen wir noch eine schwächere Variante des Pythagorismus besprechen, die keine monistische Ontologie voraussetzt.

2.3 Mathematik als eine Grundlage der Wissenschaft

Ein schwacher bzw. wissenschaftstheoretischer Pythagorismus in der Philosophie ist durch folgenden Grundsatz charakterisiert:

Die Mathematik ist eine Grundlage der empirischen Wissenschaften.

Hätten die Pythagoräer unsere heutige Begrifflichkeit gekannt, wären sie vermutlich bereit gewesen, diese These zu vertreten. Wir hoffen, dass unsere Nomenklatur damit annehmbar erscheint.

In allen zeitgenössischen empirischen Wissenschaften findet sich eine Vielzahl mathematisch formulierter Modelle.[8] Die Mathematisierung der Naturwissenschaften geht auf den italienischen Universalgelehrten Galileo Galilei (1564–1642) zurück, für den die Mathematik die *Sprache der Natur* war. Ein früher Erfolg dieser Mathematisierung sind die Bewegungsgesetze der Planeten von Johannes Kepler (1571–1630). Einige weitere Höhepunkte der mathematischen Physik sind die klassische Mechanik, die Thermodynamik, die Elektrodynamik, die Relativitätstheorien und die Quantenmechanik. All diese Theorien beinhalten einen ausgefeilten mathematischen Formalismus.[9] Der Wert mathematischer Modelle in der Physik ist Wissenschaftlern anderer Disziplinen nicht verborgen geblieben. Nach der Physik ergriff der Prozess der Mathematisierung auch die Chemie und die Biologie. Zum Beispiel gibt es in der Biologie heute Arbeitsgebiete wie die mathematische Evolutionstheorie, die Biosignalanalyse oder die Bioinformatik. Selbst in den Sozialwissenschaften, der Psychologie und der Linguistik finden wir mittlerweile zahlreiche mathematisch formulierte Modelle. Die wissenschaftliche Praxis spricht also für einen schwachen Pythagorismus.

Ein wesentlicher Zugang der modernen empirischen Wissenschaften zur Welt besteht im Zählen und Messen. Untersuchungen und Experimente geben uns quantitative Daten, also letztendlich Zahlen. Die Formulierung von Modellen in der Sprache der Mathematik liegt damit nahe. Um unsere Modelle zu untersuchen und Voraussagen zu treffen, werden Methoden benutzt, die die Mathematik zur Verfügung stellt. Wenn empirische Wissenschaften präzise quantitative Voraussagen machen wollen, ist die Verwendung mathematischer Modelle und Methoden offenbar unverzichtbar. Wir können auch ohne Mathematik voraussagen, dass ein Apfel, der sich von

---

[8] Wir werden hier keine Theorie der mathematischen Modellbildung in den empirischen Wissenschaften vorstellen und verweisen stattdessen zum Beispiel auf Ludwig (1985).
[9] Siehe zum Beispiel Kuhn (2016) zur Geschichte der Physik.

einem Baum löst, zu Boden fällt. Um zu sagen, wie lange der Fall des Apfels dauert, benötigen wir Mathematik. In diesem Sinne können wir der These des wissenschaftstheoretischen Pythagorismus, dass die Mathematik eine Grundlage der empirischen Wissenschaften ist, voll und ganz zustimmen. Trotzdem halten wir an einer fundamentalen wissenschaftstheoretischen Unterscheidung der Mathematik von den empirischen Wissenschaften fest, die Mathematik benötigt keine Empirie. Wir werden auf diesen Sachverhalt an anderer Stelle noch genauer eingehen.[10]

Manche Wissenschaftler unterstellen eine *Unerklärliche Effizienz der Mathematik in den Naturwissenschaften*, speziell in der Physik. Mathematische Modelle und Methoden sollen als Grundlage unseres Verständnisses der Naturereignisse geeigneter sein, als zu erwarten wäre. Die Formulierung *Unerklärliche Effizienz der Mathematik* stammt von dem ungarisch-amerikanischen Physiker Eugene Wigner (1902–1995), ein ähnliches Sentiment finden Sie aber auch bei Albert Einstein (1879–1955), Paul Dirac (1902–1984) und anderen.[11] Wären die mathematischen Modelle in den Naturwissenschaften tatsächlich naheliegend und gleichzeitig von großer prognostischer Kraft, so könnte dies von philosophischer Bedeutung sein und als Rechtfertigung eines stärkeren Pythagorismus herangezogen werden. Wir zweifeln daran, dass dies der Fall ist, und wundern uns eher darüber, wie ineffizient unsere mathematischen Modelle natürlicher Vorgänge immer noch sind.

Uns ist kein mathematisches Modell der Evolution des Universum bekannt, das die Expansionsrate des Universums in unterschiedliche Richtung oder die Verteilung der Temperatur der kosmischen Hintergrundstrahlung, die wir messen, voraussagt. Wir kennen auch kein mathematisches Modell der Entstehung unseres Sonnensystems, das die Anzahl, Masse und die Bahnen der Planeten in diesem vollständig erklärt. Erst recht haben wir kein mathematisches Modell der biologischen Evolution, das grundlegende Eigenschaften der Arten (Gewicht, Größe, Lebenserwartung, Mobilität usw.) und deren Verteilung auf der Erde bestimmt. Die langfristige Zukunft des Universums, des Sonnensystems und der biologischen Arten liegt weitgehend im Dunkeln.[12] Selbst die Voraussage des Wetters (Luftdruck, Temperatur, Wind, Niederschlag) an einem Ort in wenigen Wochen ist uns nicht möglich. Vielleicht ist es in all diesen Beispielen zu viel verlangt, dass mathematische Modelle präzise Voraussagen treffen können. Leider fehlen uns aber auch fundierte stochastische Modelle, die uns erlauben, die Wahrscheinlichkeiten unterschiedlicher Szenarien abzuschätzen. Die Naturvorgänge scheinen es uns in Hinsicht auf mathematische Modellierung und quantitative Prognose nicht über die Maßen leicht zu machen.

---

[10]Siehe insbesondere Kap. 4.
[11]Siehe hierzu Wigner (1960).
[12]Letztere hängt sogar vom Verhalten der Spezies Mensch ab, das schon kurzfristig kaum zu prognostizieren ist.

Auch wenn wenig für einen starken Pythagorismus in der Philosophie der Mathematik spricht, ist der schwache Pythagorismus doch eine Grundlage des wissenschaftlichen Weltbildes. Die Anwendung der Mathematik ist nützlich, um Modelle
der quantitativen Aspekte der Welt zu formulieren. Sie ist sogar unverzichtbar, wenn
wir präzise quantitative Prognosen treffen wollen. Hieraus folgt jedoch nicht, dass
die Mathematik eine Naturwissenschaft oder empirische Wissenschaft ist.

Platonismus

3

Inhaltsverzeichnis

3.1   Historischer Hintergrund

Der Platonismus ist ein metaphysisches und erkenntnistheoretisches Konzept, das auf den antiken griechischen Philosophen Platon (428–348 v. Chr.) aus Athen zurückgeht. Platon war ein Schüler des Sokrates (469–399 v. Chr.) und Lehrer Aristoteles und ist eine der bedeutendsten Persönlichkeiten der europäischen Geistesgeschichte. Das Werk von Platon ist umfangreich, originell und vielfältig. Es behandelt neben Fragestellungen der Metaphysik und Erkenntnistheorie auch Themen der Ethik, Ästhetik, Anthropologie, Staatstheorie und Kosmologie.[1] Neben seiner Tätigkeit als Schriftsteller gründete Platon eine Akademie. Diese war die älteste und langlebigste institutionelle Philosophenschule im antiken Griechenland. Durch die Schüler der Akademie verbreitete sich Platons Lehre und wurde eine Grundlage der antiken Zivilisation. Im römischen Reich gewann der Platonismus durch die Philosophenschule des Plotin (205–270) in Rom Einfluss und wurde so eine dominierende Lehre in der Philosophie der Spätantike. Im christlichen Mittelalter waren nur wenige Schriften Platons bekannt. Ein indirekter Einfluss der platonischen Lehre lässt sich

---

[1] Eine Gesamtausgabe der Werke Platons in deutscher Übersetzung findet sich in Loewenthal (2014). Daneben bietet die Reclam-Reihe ausgewählte Werke Platons im Originaltext mit deutscher Übersetzung.

© Springer-Verlag GmbH Deutschland, ein Teil von Springer Nature 2021   13
J. Neunhäuserer, *Einführung in die Philosophie der Mathematik*,
https://doi.org/10.1007/978-3-662-63714-2_3

hauptsächlich über die aristotelische Philosophie nachweisen. Erst in der italienischen Renaissance werden Platons Werke in ihrer Gesamtheit aus dem Griechischen ins Lateinische übersetzt sowie kommentiert und nehmen so einen Einfluss auf den Humanismus.[2] In der Philosophie der Aufklärung scheint Platon eine untergeordnete Rolle zu spielen, erst im deutschen Idealismus finden wir zum Beispiel bei Hegel (1770–1831) und Schelling (1775–1854) wieder eine verstärkte Platon-Rezeption.

Die Philosophie der Moderne steht metaphysischen Konzepten im Allgemeinen eher skeptisch gegenüber, trotzdem gewinnt der Platonismus in der Philosophie der Mathematik, wie wir sehen werden, neue Bedeutung. Insbesondere Platons Ideenlehre, die den Kern seiner Metaphysik und Erkenntnistheorie bildet, ist für die Philosophie der Mathematik von Interesse. Wir geben daher hier eine kompakte Einführung.[3]

Eine Idee im Sinne von Platon ist ein körperloses, überzeitliches, einfaches und vollkommenes Seiendes. Ideen sind nicht durch die sinnliche Wahrnehmung zugänglich, da sie nicht im physikalischen Raum lokalisiert sind, und sie sind keine mentalen Ereignisse, da sie zeitlos sind. Die veränderlichen Gegenstände im physikalischen Raum sind Abbilder von Ideen, und damit ein niederes Seiendes, das von den Ideen als Urbilder abgeleitet ist. Physikalische Gegenstände haben einen Anteil an Ideen, indem sie das Wesen von Ideen unvollständig und unvollkommen aufweisen und in diesem Sinne an ihnen beteiligt sind. Umgekehrt lassen Ideen physikalischen Gegenständen bestimmte Aspekte ihres Wesens zukommen, insoweit die physikalische Realität dies zulässt. Ideen sind in dieser Weise in physikalischen Gegenständen gegenwärtig. Jeder physikalische Gegenstand hat an mehreren Ideen Anteil und jede Idee lässt eine Vielzahl von physikalischen Gegenständen an ihrem Wesen Anteil haben. Betrachten wir zum Beispiel eine hohe Tanne. Diese hat Anteil an den Ideen Tanne, Baum, Pflanze, Lebewesen, raum-zeitlicher Gegenstand sowie der Ideen der Höhe und der Einheit. Die Ideen sind nach Platon durch den Grad ihrer Allgemeinheit geordnet, das Allgemeinere ist höherrangig und umfasst Spezielleres, das Spezielle hat Anteil am Allgemeinen. Mathematische Gegenstände in ihrer eigentlichen Form sind für Platon Ideen und damit körperlos, überzeitlich und unveränderlich. Ein gezeichnetes geometrisches Objekt stellt ein ungenaues Abbild der Idee des geometrischen Objekts dar, die das Urbild des Objekts ist. So ist ein mit dem Zirkel gezogener Kreis nicht der eigentliche Gegenstand der Geometrie, es ist die Idee des Kreises, mit dem sich die Geometrie befasst. Genauso verbirgt sich hinter jeder einzelnen Zahl eine dieser entsprechenden Idee, man kann im Sinne von Platon sagen, dass sich hinter der Zahl Eins die Idee der Einheit verbirgt, hinter die Zahl zwei steht die Idee der Zweiheit, hinter der Zahl Drei die Idee der Dreiheit usw. Die Idee der Einheit stellt den Ursprung und das Ordnungsprinzip nicht nur der Zahlen, sondern der Vielfalt aller Ideen dar. Sie wird von Platon gelegentlich mit der Idee des Guten

---

[2]Die Übersetzung von Platon ins Lateinische wurde durch den Renaissance-Humanisten und Philosophen Marsilio Ficino (1433–1499) vorgenommen, siehe Blum et al. (1993).
[3]Platon entwickelt die Ideenlehre hauptsächlich in den Werken Phaidon, Politeia, Phaidros und Parmenides, die zu den mittleren Dialogen gehören.

identifiziert. Das Gute ist für Platon die höchste Idee, der alle anderen Ideen ihr Sein verdanken, durch ihre Teilhabe am Guten sind andere Ideen gut.

Die hier skizzierte Ideenlehre von Platon kann als monistischer und objektiver Idealismus bezeichnet werden. Neben dieser Metaphysik entwickelt Platon auch eine Erkenntnistheorie, die versucht zu klären, auf welche Weise wir Zugang zu den Ideen haben. Wie gesagt, sind die platonischen Ideen als überzeitliche und unkörperliche Wesenheiten der Sinneswahrnehmung entzogen. Platon beschreibt den Vorgang der Wesensschau, einer Art nicht sinnlichen Wahrnehmung, in der wir eine Idee unmittelbar erfassen. Als Vorbereitung der Wesensschau dient das philosophische Gespräch, indem wir richtige Meinungen über Ideen entwickeln. Dies Gespräch löst einen Erkenntnisprozess aus, an dessen Ende uns die ursprüngliche Idee unmittelbar vor Augen steht. Die Ideenschau ist bei Platon eng mit seiner Seelenwanderungslehre verknüpft, nach der die Seele unsterblich ist und nacheinander verschiedene Körper bewohnt. Zwischen zwei irdischen Leben ist die Seele körperlos und kann die Ideen ungestört und irrtumsfrei erkennen. Durch die Verbindung mit dem Körper werden die Fähigkeiten der Seele eingeschränkt. Mit einiger Vorbereitung und Mühe kann die Seele sich angeregt durch Sinneseindrücke wieder an die zugrunde liegenden Ideen erinnern. Die Wiedererinnerung der unsterblichen Seele ist Platons Erklärung für die Möglichkeit der Ideenschau.

Obwohl Platons Ideenlehre und Erkenntnistheorie in Bezug auf die Natur, resp. physikalische Realität, in der Moderne nur noch selten vertreten wird, bleibt der Platonismus in der Philosophie der Mathematik aktuell und dies sowohl in metaphysischer als auch in erkenntnistheoretischer Hinsicht. Die Ansicht, dass die Gegenstände der Mathematik Ideen im Sinne von Platon sind und wir grundlegende Eigenschaften dieser Gegenstände unmittelbar intuitiv erfassen, ist nach wie vor bei Mathematikern verbreitet.

3.2   Die platonische Position

Ein moderner Platonismus in der Philosophie der Mathematik geht von folgenden drei Grundsätzen aus (siehe Abb. 3.1):

1. Mathematische Gegenstände wie Mengen, Zahlen, Relationen, Funktionen usw. existieren.
2. Mathematische Gegenstände sind unabhängig von mentalen Vorgängen.
3. Mathematische Gegenstände sind abstrakt.

Werden die Grundsätze eins und zwei behauptet, so spricht man von einer realistischen Philosophie der Mathematik. Der Platonismus in der Philosophie der Mathematik kann also auch als platonischer Realismus bezeichnet werden. Auf einen nicht-platonischen Realismus in der Philosophie der Mathematik gehen wir im Kap. 4 und in Kap. 10 zum Naturalismus in der Philosophie der Mathematik ein. Ausgehend von Platons Ideenlehre steht zu vermuten, dass Platon tatsächlich die Grundsätze eines

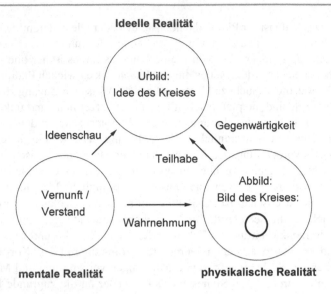

Abb. 3.1 Schema der Ideenlehre

modernen Platonismus in der Philosophie der Mathematik akzeptieren würde, eine Annahme die unsere Begrifflichkeit rechtfertigt.

Obwohl die drei genannten Grundsätze auf den ersten Blick klar und einfach erscheinen, können sie doch in unterschiedlicher Weise verstanden und erläutert werden.

Zuerst stellt sich die ontologische Frage, was es bedeutet, dass ein mathematischer Gegenstand existiert. Ein wesentlicher Bestandteil der modernen Mathematik sind Existenzaussagen und deren Beweis. So besagt der Fundamentalsatz der Arithmetik, dass für jede natürliche Zahl n größer 1 Primzahlen existieren, deren Produkt n ist. Der Fundamentalsatz der Algebra besagt, dass für jede algebraische Gleichung vom Grad n genau n Lösungen in den komplexen Zahlen existieren. Die Existenzaussagen in der modernen Mathematik behaupten dabei die Existenz eines oder mehrerer Elemente in einer vorgegebenen Menge, denen ein Prädikat zukommt bzw. die eine Aussageform in eine wahre Aussage überführen. Der Begriff der Existenz wird hierbei nicht als Prädikat, sondern als ein Quantor verwendet, der Variablen in Aussageformen bindet und diese zu Aussagen macht, siehe hierzu auch Kap. 6 zum Logizismus. Der Beweis einer Existenzaussage besteht allgemein gesprochen in einer Deduktion der Aussage mittels der Regeln einer Prädikatenlogik aus den Axiomen einer Mengenlehre. Jede axiomatische Mengenlehre enthält dabei Axiome, die die Existenz gewisser Mengen behaupten.[4] Grundlegend ist dabei die Behauptung der Existenz der leeren Menge und einer induktiven Menge. Die zweite Behauptung erlaubt insbesondere die Existenz unendlicher Mengen, wie den natürlichen Zahlen. Die

---

[4]In der zeitgenössischen Mathematik ist das Axiomensystem von Ernst Zermelo (1871–1953) und Abraham Fraenkel (1891–1865) vorherrschend. Für eine Einführung in die axiomatische Mengenlehre verweisen wir auf den Anhang und Deiser (2010).

Mathematik selbst erteilt uns keine Auskunft darüber, warum die Axiome einer Mengenlehre wahr sind und in welchem Sinne die Mengen, deren Existenz gefordert wird, existieren. Als Mathematiker gehen wir zumeist einfach von einem Axiomensystem aus und hinterfragen dies nicht. Es ist eine Aufgabe der Philosophie der Mathematik eben dies zu tun. Der Platonismus geht davon aus, dass die Existenz der mathematischen Gegenstände objektiv ist. Dies bedeutet, dass die Gegenstände der Mathematik auch existieren würden, wenn es keinerlei mentale Vorgänge gäbe. Insbesondere würden die Gegenstände der Mathematik auch dann existieren, wenn unsere rationalen Bemühungen, Aussagen über diese Gegenstände zu treffen und diese Aussagen zu rechtfertigen, wegfiele. Selbst wenn es niemals ein wie auch immer geartetes erkennendes Wesen geben würde, ja selbst dann, wenn kein einziger Gedanke existierte, gäbe es die Gegenstände der Mathematik. Wir können diesen platonischen Realismus in Bezug auf die mathematischen Gegenstände in Analogie zu einem Realismus in Bezug auf physikalische Gegenstände verstehen. So wie die Erde, das Sonnensystem und das physikalische Universum existieren würden, auch wenn es keine Menschen oder andere erkennende Wesen gäbe, würden auch Mengen, Relationen, Funktionen und Zahlen existieren. Diese Analogie ist allerdings mit Vorsicht zu genießen. Ein moderner Platonismus im Sinne des großen österreichisch-amerikanischen Logikers Kurt Gödel (1906–1978) geht davon aus, dass nicht nur die Gegenstände der Mathematik unabhängig von mentalen Vorgängen existieren, sondern auch, dass die Eigenschaften mathematischer Gegenstände unabhängig von solchen Vorgängen sind.[5] Selbst wenn keine mentalen Vorgänge existieren würden oder diese ganz andere wären, blieben die Eigenschaften mathematischer Gegenstände die gleichen. Unter dieser Bedingung kann der platonische Realismus problemlos in Analogie zum physikalischen Realismus verstanden werden. Die sogenannte neo-fregeanische Philosophie der Mathematik ist auch platonisch im Sinne der drei oben genannten Grundsätze, behauptet aber, dass die ontologische Struktur der mathematischen Realität durch unseren mathematischen Erkenntnisprozess bestimmt wird.[6] Unser Erkenntnisprozess legt demnach fest, wie die mathematische Realität in Objekte, Eigenschaften und Relationen strukturiert wird, wobei der eigentliche Gegenstand der Mathematik unabhängig von dieser Strukturierung bleibt. Dies ist ein minimaler platonischer Realismus in der Philosophie der Mathematik, der schwerlich in Analogie zum Realismus in Bezug auf makroskopische physikalische Gegenstände verstanden werden kann.

Mit der Bestimmung mathematischer Gegenstände als abstrakt ist der platonische Realismus von einem physikalischen Realismus deutlich unterschieden. Physikalische Gegenstände werden gewöhnlich als raum-zeitlich definiert und von abstrakten Gegenständen erwarten wir in jedem Falle, dass sie nicht raum-zeitlich sind. Ein Gegenstand, der nicht raum-zeitlich ist, kann hierbei allerdings nur räumliche

---

[5]Siehe Gödel (1940) und Parsons (1995) für eine Diskussion von Gödels Platonismus.
[6]Die britischen Philosophen Bob Hale (1945–) und Crispin Wright (1942–) sind die Hauptvertreter dieser Richtung, siehe Hale und Wright (2001). Wie bei dem deutschen Mathematiker Gottlob Frege (1848–1925) finden sich bei Hale und Wright neben platonischen Überlegungen auch logizistische Ansätze in der Philosophie der Mathematik, vergleiche hierzu Kap. 7.

aber keine zeitlichen Eigenschaften oder nur zeitliche aber keine räumlichen Eigenschaften aufweisen. Weitere zentrale Bestimmungen des Begriffs eines abstrakten
Gegenstandes schließen diese Möglichkeit jedoch aus. Ein abstrakter Gegenstand
ist zeitlos und unveränderlich, es gibt keine Veränderungen der intrinsischen Eigenschaften eines solche Gegenstandes. Mit intrinsischen Eigenschaften sind hierbei
solche Eigenschaften gemeint, die der Gegenstand unabhängig von seinen Beziehungen zu anderen Gegenständen hat. Des Weiteren sind abstrakte Gegenstände
akausal, sie haben keinen kausalen Einfluss auf andere Gegenstände und werden
nicht durch andere Gegenstände kausal beeinflusst. Zumeist wird angenommen, dass
kausale Relationen Relationen sind, die zwischen Gegenständen der raum-zeitlichen
Realität und nur zwischen solchen Gegenständen bestehen. Zuletzt wird von abstrakten Gegenständen zuweilen angenommen, dass sie notwendigerweise existieren. Es
wäre nicht möglich, dass diese Gegenstände nicht existieren. Ob die letzte Bedingung
jedem abstrakten Gegenstand notwendigerweise zukommt, ist dabei umstritten. Dass
mathematische Gegenstände paradigmatische Beispiele abstrakter Gegenstände mit
den Eigenschaften der Zeitlosigkeit und Akausalität sind, ist jedoch in der platonischen Philosophie der Mathematik unumstritten.

Soweit haben wir den Begriff des Platonismus in der Philosophie der Mathematik
erläutert. Es stellt sich nun die Frage, welche Gründe für einen Platonismus sprechen.

3.3   Argumente für einen Platonismus

Das erste Argument für einen Platonismus in der Philosophie der Mathematik wird
von Philosophen zumeist nicht berücksichtigt, obwohl es einen guten Grund angibt,
den Platonismus zumindest ernsthaft zu durchdenken.

(1) Eine große Mehrheit der Mathematiker ist davon überzeugt, dass die Gegen-
    stände, mit denen sie sich beschäftigen, unabhängig von mentaler Aktivität
    existieren und abstrakt sind.
(2) Eine große Mehrheit der Vertreter einer ausgereiften Wissenschaft täuschen
    sich über die grundlegenden Eigenschaften der Gegenstände, mit denen sie sich
    beschäftigen, nicht.

Aus (1) und (2) folgt: Der Platonismus in der Philosophie der Mathematik ist wahr.

Die erste Voraussetzung des Arguments ist eine empirische Behauptung. Wir gehen
davon aus, dass eine Umfrage unter Mathematikern in akademischer Forschung und
Lehre aufzeigen würde, dass sie tatsächlich wahr ist. Unsere Gründe für diese Überzeugung sind vielfältig. Erstens ist in der Literatur oftmals zu lesen, dass der Platonismus die Standardposition der Mathematiker sei, und eine nicht repräsentative
Umfrage unter Mathematikern in unserem Bekanntenkreis bestätigt dies. In einer
Befragung von 931 Philosophen durch PhilPapers ist der Platonismus in Bezug auf

abstrakte Gegenstände die am häufigsten vertretene Position,[7] und unter Mathematikern scheint der Platonismus noch wesentlich verbreiteter zu sein als unter Philosophen. Zuletzt möchten wir noch darauf hinweisen, dass Paul Erdös (1913–1996), einer der einflussreichsten Mathematiker des 20. Jahrhunderts, platonische Ansichten vertrat.[8]

Die zweite Annahme des Arguments ist mindestens problematisch, wenn nicht sogar falsch. Die Wissenschaftsgeschichte zeigt, dass sich Wissenschaftler täuschen und das auch über grundlegende Eigenschaften der Gegenstände, mit denen sie sich beschäftigen. Physiker nahmen bis zum Ende des 19. Jahrhunderts an, dass Licht eine Welle ist, die sich in einem Äther ausbreitet. Mittlerweile wissen wir, dass der Lichtäther nicht existiert und dass Licht neben Welleneigenschaften auch Teilcheneigenschaften hat. Die Annahme, dass solche Irrtümer in einer ausgereiften Wissenschaft nicht mehr vorkommen, ist fraglos gewagt. Es erscheint schwierig zu explizieren, wann eine Wissenschaft den Status erreicht, dass die Mehrheit der Wissenschaftler in philosophischen Grundfragen keinen falschen Ansichten anhängen. Dennoch erscheint uns die zweite Annahme des Arguments nicht irrational zu sein, wenn wir einen erkenntnistheoretischen Optimismus voraussetzen. Das Argument stellt daher unserer Ansicht nach ein diskutables Indiz für einen Platonismus in der Philosophie der Mathematik dar.

Das zweite Argument für den Platonismus in der Philosophie der Mathematik besteht aus mehreren Teilen, welche die drei Grundsätze des Platonismus einzeln rechtfertigen sollen. Das Argument geht in seiner Essenz auf den deutschen Logiker und Philosophen Gottlob Frege (1848–1925) zurück und findet unter Philosophen Zuspruch.[9] Wir präsentieren das Argument hier nicht in Freges Duktus, sondern in einer zeitgenössischen Fassung. Das Argument für die Existenz mathematischer Gegenstände lautet wie folgt:

(1) Singuläre Terme, die sich auf mathematische Gegenstände, wie zum Beispiel Zahlen, beziehen, tauchen in einfachen und wahren Aussagen auf.
(2) Es ist nur dann möglich, dass einfache Aussagen mit singulären Termen wahr sind, wenn die Gegenstände, auf die sich die singulären Terme beziehen, existieren.

Aus (1) und (2) folgt: Mathematische Gegenstände existieren.

Ein singulärer Term ist gemäß der Linguistik ein Ausdruck, der genau einen Gegenstand bezeichnet; im Gegensatz dazu ist ein Prädikat ein Ausdruck, der für einen Begriff steht, unter den mehrere Gegenstände oder auch kein Gegenstand fallen kön-

---

[7] Siehe https://philpapers.org/surveys/.
[8] Siehe hierzu die Erdös-Biographie von Hoffmann (1999).
[9] Siehe hierzu Frege (1884b). Neben seiner platonischen Argumentation ist Gottlob Frege in seinen späteren Werken ein Hauptvertreter des Logizismus, siehe hierzu Kap. 7.

nen. Beispiele für singuläre Terme, die sich auf mathematische Gegenstände beziehen, sind *Eins, Zwei, Drei* usw. Es ist schwer zu bezweifeln, dass solche Terme in wahren Aussagen vorkommen, wir gehen gewöhnlich davon aus, dass *Zwei ist gleich Eins plus Eins* oder *Eins ist gleich Zwei minus Eins* wahre Aussagen sind. Gerade dies ist die Bedeutung der ersten Voraussetzung des Arguments. Hierzu ist anzumerken, dass es in der zeitgenössischen Philosophie der Mathematik eine Strömung gibt, die versucht diese Voraussetzung zu unterminieren, siehe hierzu Abschn. 13.3 zum Fiktionalismus. Die Gegenstände, auf die sich singuläre Terme beziehen, gehören zur ontologischen Kategorie der Objekte. Im Gegensatz dazu stehen die ontologischen Kategorien der Eigenschaften. Es erscheint nicht sinnvoll, anzunehmen, dass Objekte, die nicht existieren, Eigenschaften haben. Einfache Aussagen mit singulären Termen sprechen Objekten Eigenschaften zu. Diese Aussagen können nicht wahr sein, wenn es die Objekte, über die gesprochen wird, nicht gibt. Dies ist eine Rechtfertigung der zweiten Voraussetzung des Arguments, die im Sinne von Gottlob Frege ist.

Wir haben in einer natürlichen Sprache nicht notwendigerweise für jede natürliche Zahl einen singulären Term, der diese Zahl bezeichnet, und wir haben in keiner Sprache für jede reelle Zahl solch einen Term. Es ist aber möglich, für jede einzelne gegebene natürliche oder reelle Zahl einen singulären Term anzugeben, der die Zahl bezeichnet. Das Argument rechtfertigt daher die Existenz einzelner Zahlen. In der moderneren Mathematik werden jedoch nicht einzelne Zahlen, sondern Mengen und insbesondere Mengen von Zahlen betrachtet. Es gibt Aussagen über solche Mengen, wie etwa *Die Menge der natürlichen Zahlen ist die Vereinigung der Menge der geraden und der Menge der ungerade natürlichen Zahlen*, deren Wahrheit schwer zu bezweifeln ist. Wenn wir das Argument nun anwenden wollen, stellt sich die Frage, ob *Menge der natürlichen Zahlen* ein singulärer Term ist, der genau einen Gegenstand bezeichnet. Eine Menge ist insbesondere eine Klasse, d. h. eine Zusammenfassung von Objekten, und die *Menge der natürlichen Zahlen* ist ein sogenannter Klassenausdruck. Klassenausdrücke sind singulär, wenn sie auf eine eindeutig bestimmte Klasse Bezug nehmen. In der modernen Mathematik wird, ausgehend von einer axiomatischen Mengenlehre, die Eindeutigkeit von Klassen wie derjenigen der natürlichen Zahlen gezeigt. Formal sind die natürlichen Zahlen als Schnitt aller induktiv geordneten Mengen in einer axiomatischen Mengenlehre eindeutig bestimmt.[10] Akzeptieren wir dies, so lässt sich das Argument nicht nur auf einzelne Zahlen, sondern auch auf einzelne Mengen anwenden und zeigt deren Existenz.

Ein Argument für die Unabhängigkeit mathematischer Gegenstände von mentalen Prozessen lautet wie folgt:

---

[10]Siehe hierzu Deiser (2010).

(1) Die Aussagen der Mathematik sind objektiv.
(2) Die singulären Terme objektiver Aussagen beziehen sich auf Gegenstände, die
     unabhängig von mentalen Vorgängen sind.

Aus (1) und (2) folgt: Die Gegenstände der Mathematik sind unabhängig von mentalen Vorgängen.

Dass eine Aussage objektiv ist, bedeutet, dass der Wahrheitswert der Aussage unabhängig von mentalen Vorgängen ist. Sehen wir von Irrtümern und Missverständnissen ab, stellen alle Mathematiker durch Beweise den gleichen Wahrheitswert für eine mathematische Aussage fest. Dies ist ein starkes Indiz für die erste Voraussetzung des Arguments. Wenn die Gegenstände, auf die sich singuläre Terme in Aussagen beziehen, von mentalen Vorgängen abhängen, hängen die Eigenschaften solcher Gegenstände und damit der Wahrheitswert von Aussagen über diese Gegenstände von mentalen Vorgängen ab. Dies ist ein Argument für die zweite Voraussetzung des Arguments. Eine rationalistische Philosophie der Mathematik wird die Schlussfolgerung und zumindest die zweite Voraussetzung dieses Arguments bestreiten, siehe hierzu Kap. 3 zum Rationalismus.

Ausgehend von dem letzten Argument erhalten wir noch ein Argument dafür, dass die Gegenstände der Mathematik abstrakt sind:

(1) Mathematische Gegenstände sind durch wahre Identitätsaussagen mit mathematischen Begriffen verbunden.
(2) Kein physikalischer Gegenstand ist in dieser Weise mit mathematischen Begriffen verbunden.
Aus (1) und (2) folgt: (3) Die Gegenstände der Mathematik sind nicht physikalisch.
(4) Gegenstände, die unabhängig von mentalen Vorgängen und nicht physikalisch sind, sind abstrakt.

Aus (3) und (4) folgt: Die Gegenstände der Mathematik sind abstrakt.

Betrachten wir einen mathematischen Begriff wie *Die Anzahl der Primzahlen kleiner Zehn* oder *Die positive Lösung der quadratischen Gleichung* $x^2 - 1 = 0$. Diese Begriffe beziehen sich auf mathematische Gegenstände. Die Identitätsaussagen *Die Anzahl der Primzahlen kleiner Zehn ist Vier* und *Die positive Lösung der quadratischen Gleichung* $x^2 - 1 = 0$ *ist 1* sind wahr. Diese Identitäten zeigen die spezielle Weise, wie mathematische Begriffe mit mathematischen Gegenständen verbunden sind; sie kommen nur dieser Art von Gegenständen zu. Für jeden mathematischen Gegenstand lässt sich wohl solch ein mathematischer Begriff und eine entsprechende Identitätsaussage konstruieren. Die Behauptung der Identität eines mathematischen Begriffs mit einem physikalischen Gegenstand scheint nicht plausibel, *Die Anzahl der Primzahlen kleiner Zehn* kann offenbar nicht auf einen physikalischen Gegenstand bezogen werden. Wir erhalten daher die schwer zu bestreitende Schlussfolgerung, dass die Gegenstände der Mathematik nicht physikalisch sind. Die Gegenstände, die zeitlich, veränderlich und möglicherweise kausal wirksam werden, sind unseres Wissens nach entweder mental oder physikalisch. Ein Gegenstand, der unabhängig von mentalen Vorgängen und nicht physikalisch ist, ist damit zeitlos, unveränderlich und akausal, also abstrakt.

Soweit haben wir eine an Gottlob Frege angelehnte und linguistisch orientierte Argumentationslinie skizziert, die nahe legt, dass mathematische Gegenstände unabhängig von mentalen Vorgängen existieren und abstrakt sind. Wir werden im Folgenden noch ein zeitgenössisches Argument für einen Realismus in der Philosophie der Mathematik und ein weiteres Argument für die Abstraktheit mathematischer Gegenstände vorstellen. Das erste Argument lautet wie folgt:

(1) Wir sollten die Existenz all derjenigen Gegenstände, die in unseren besten wissenschaftlichen Theorien unverzichtbar sind, als real annehmen.

(2) Mathematische Gegenstände sind in unseren besten wissenschaftlichen Theorien unverzichtbar.

Aus (1) und (2) folgt: Wir sollten die Existenz der Gegenstände der Mathematik als Teil der Realität annehmen.

Dieses Argument geht auf den US-amerikanischen Philosophen und Logiker Willard Quine (1908–2000) zurück und wurde von dem US-amerikanischen Philosophen Hilary Putnam (1926–2016) ausführlich dargestellt.[11] Die zweite Voraussetzung des Arguments ist unumstritten: Niemand zweifelt daran, dass Gegenstände der Mathematik wie Zahlen, Relationen, Funktionen usw. zumindest in den Naturwissenschaften unverzichtbar sind, siehe hierzu auch Abschn. 2.3. Die erste Voraussetzung des Arguments bedarf weiterer Erläuterung und Begründung. Hinter der Behauptung, dass die in wissenschaftlichen Theorien unverzichtbaren Gegenstände real sind, steht die Auffassung, dass wissenschaftliche Theorien unseren besten Zugang zur Realität darstellen und in der Lage sein werden, die Welt umfassend und korrekt zu beschreiben. Die ontologische Frage, welche Art von Gegenständen existieren, sollte daher im Rückgriff auf wissenschaftliche Theorien beantwortet werden; ein unwissenschaftlicher Weg zu bestimmen, was existiert, wird ausgeschlossen. Diese metaphysische Position wird als Naturalismus oder Szientismus bezeichnet, siehe hierzu auch Kap. 11 zum Naturalismus in der Philosophie der Mathematik.[12] Der Naturalismus leugnet die Berechtigung der Metaphysik als eigenständiger Disziplin unabhängig von den Wissenschaften. Obwohl der Naturalismus in wissenschaftlichen Kreisen sehr verbreitet ist, ist er und damit auch die erste Voraussetzung des Arguments philosophisch mindestens problematisch. Wie wir schon zu Beginn des Abschnitts angemerkt hatten, können wissenschaftliche Theorien falsch sein. Sie können die Existenz von Gegenständen unverzichtbar erscheinen lassen, die in einer weiter entwickelten Theorie nicht mehr vorkommen. Wir verweisen hier wieder auf

---

[11] Siehe hierzu Quine (1963, 1981) und Putnam (1971).

[12] In Keil und Schnädelbach (2000) findet sich eine Sammlung von Beiträgen von Naturalisten und Anti-Naturalisten in der Philosophie.

die Annahme des Lichtäthers in der Physik. Darüber hinaus besitzt die Metaphysik eine wertvolle vorwissenschaftliche Methodik. Menschen und insbesondere Wissenschaftler haben gewisse Grundintuitionen; die Metaphysik expliziert diese und leitet aus ihnen Argumente in einer natürlichen Sprache für oder wider eine metaphysische Position ab. Diese philosophischen Argumente können für die Existenz eines Gegenstandes sprechen, der in unseren besten wissenschaftlichen Theorien nicht vorkommt; oder sie können gegen die Existenz eines Gegenstandes sprechen, der in unseren besten wissenschaftlichen Theorien unverzichtbar erscheint. Diese Argumente zu ignorieren ist ein Zeichen wissenschaftlicher Arroganz. Trotz dieser vehementen Kritik am Naturalismus sind wir der Auffassung, dass obiges Argument eine leidliche Begründung des Realismus in der Philosophie der Mathematik darstellt. Dass mathematische Gegenstände in unseren besten wissenschaftlichen Theorien, die die Realität unabhängig von uns beschreiben, unverzichtbar sind, kann als Indiz dafür gewertet werden, dass mathematische Gegenstände unabhängig von uns existieren.

Setzen wir nun einen Realismus in Bezug auf mathematischen Gegenstände voraus, haben wir noch folgendes Argument für den Platonismus, das zur Folklore in der Philosophie der Mathematik gehört:

(1) Konkrete Gegenstände, die unabhängig von mentalen Vorgängen existieren, sind zu einer Zeit an einem Ort.
(2) Mathematische Gegenstände sind nicht zu einer Zeit an einem Ort.

Aus (1) und (2) folgt: Die Gegenstände der Mathematik sind nicht konkret, sondern abstrakt.

Wir gehen davon aus, dass konkrete Gegenstände, die unabhängig von mentalen Vorgängen existieren, physikalisch sind. Physikalische Gegenstände sind zu einer Zeit an einem Ort, oder um dies in Würdigung der Ergebnisse der modernen Physik zu präzisieren: Physikalische Gegenstände wie Elementarteilchen sind mit einem Gebiet in der Raum-Zeit assoziiert. Wenn wir uns konkrete Gegenstände, wie Geister und Götter, vorstellen, die unabhängig von mentalen Vorgängen existieren und nicht physikalisch sind, so stellen wir uns auch diese Gegenstände zu einer Zeit an einem Ort vor. Konkrete Gegenstände, die unabhängig von mentalen Vorgängen existieren und sich nicht zu einer Zeit an einem Ort befinden, erscheinen uns unvorstellbar. Dies ist zwar kein unhintergehbarer Beleg, aber ein starkes Indiz für die Gültigkeit der ersten Voraussetzung des Arguments. Für arithmetische Gegenstände wie Zahlen ist die zweite Voraussetzung des Arguments offensichtlich; es macht zum Beispiel keinen Sinn, danach zu fragen, wo die Neun zu welcher Zeit ist. Man kann davon sprechen, dass geometrische Gegenstände wie Geraden und Kreise in einem Vektorraum einen Ort haben, an dem sie sich befinden, die zweite Voraussetzung des Arguments trifft trotzdem auch auf diese Gegenstände zu. Erstens ist die Frage, wann sich ein geometrischer Gegenstand an einem Ort in einem Vektorraum befindet, sinnlos; diese Gegenstände sind also nicht zu einer Zeit an einem Ort. Zweitens ist die Rede von dem Ort eines geometrischen Gegenstands in der modernen Mathematik nicht wörtlich zu nehmen. Wir geben für einen geometrischen Gegenstand lediglich an, um welche Teilmenge es sich bei ihm in einer Obermenge handelt. Mengen wiederum haben keinen Ort, an dem sie sich zu einer Zeit befinden. Wir sind aus diesen Gründen davon überzeugt, dass sich die Gegenstände der Mathematik mit Sicherheit nicht zu einer Zeit an einem Ort befinden.

Das letzte Argument dieses Abschnitts hat, wie wir hoffen, deutlich gemacht, dass es schwer ist, einen Platonismus in Bezug auf die Gegenstände der Mathematik zu bezweifeln, wenn man von einem Realismus in der Philosophie der Mathematik ausgeht. Der Realismus in der Philosophie der Mathematik scheint wesentlich umstrittener zu sein als die Abstraktheit mathematischer Gegenstände.

3.4 Die metaphysische Kluft

Menschen sind als biologische Lebensform fraglos zeitliche Wesen. Die Gegenstände der Mathematik wie Zahlen sind gemäß einer Platonischen Philosophie zeitlos und existieren unabhängig von der Menschheit. Zwischen Menschen und mathematischen Gegenständen besteht also eine fundamentale metaphysische Kluft. Es scheint mysteriös zu sein, wie wir in der Lage sind, diese Kluft zu überbrücken, um Erkenntnisse über mathematische Gegenstände zu gewinnen oder uns auch nur auf mathematische Gegenstände zu beziehen. Das erste Problem kann als epistemische oder erkenntnistheoretische Herausforderung und das zweite Problem als referentielle Herausforderung für den Platonismus in der Philosophie der Mathematik bezeichnet werden. Die platonische Behauptung, dass mathematische Gegenstände abstrakt sind, schließt die Möglichkeit aus, dass wir durch eine kausale Verbindung auf mathematische Gegenstände eindeutig Bezug nehmen können und Erkenntnisse über diese Gegenstände gewinnen. In der zeitgenössischen Philosophie werden zumeist kausale Relationen herangezogen, um zu erklären, wie wir auf physikalische Gegenstände Bezug nehmen und grundlegende Erkenntnisse in den empirischen Wissenschaften sammeln. Die Wahrnehmung von Gegenständen beruht auf Reizen aus der Umwelt oder dem Körperinnern, die durch das Nervensystem verarbeitet werden und uns so Informationen zur Verfügung stellen. Eine kausale Referenz und Erkenntnistheorie ist auf mathematische Gegenstände nicht anwendbar, sollten diese Gegenstände abstrakt sein.

Wir stellen hier zwei Wege dar, die ein Platoniker beschreiten kann, um der referentiellen und der erkenntnistheoretischen Herausforderungen zu begegnen. Den ersten Weg, der auf Platons ursprüngliche Erkenntnistheorie zurückgreift, wollen wir den intuitiven Platonismus in der Philosophie der Mathematik nennen.[13]

Ein Vertreter des intuitiven Platonismus behauptet, dass wir die Art von Wesen sind, die einen unmittelbaren intuitiven Zugang zu mathematischen Gegenständen haben. Diese Fähigkeit erlaubt uns auf Mengen, Relationen, Funktionen und Zahlen eindeutig Bezug zu nehmen und die Wahrheit einfacher grundlegender mathemati-

---

[13] Beispielsweise vertrat Kurt Gödel diese Position, siehe Gödel (1940) und Parsons (1995).

scher Aussagen unvermittelt einzusehen. Insbesondere soll dies für die grundlegenden Axiome der Mathematik, wie wir sie in einer axiomatischen Mengenlehre finden, der Fall sein. Wenn wir dies voraussetzen, erscheint weder die Bezugnahme auf noch der Gewinn von Erkenntnissen über mathematische Gegenstände, die abstrakt und unabhängig von uns existieren, mysteriös zu sein. Der intuitive Platonismus kann es bei dieser Auskunft belassen oder versuchen zusätzlich zu erklären, wo unsere Fähigkeit, mathematische Gegenstände unmittelbar intuitiv zu erfassen, herrührt. Eine solche Erklärung erfordert starke metaphysische Behauptungen. In jedem Fall muss man annehmen, dass wir mehr als eine biologische Lebensform sind, da wir als solche nur kausal mit Gegenständen, die unabhängig von uns existieren, interagieren. Die Annahme einer unsterblichen Seele des Menschen, wie sie sich bei Platon und in allen Weltreligionen findet, ist hier nur eine Möglichkeit. Man mag die Existenz eines zeitlosen Bewusstseins, das sich nicht auf die biologische Basis reduzieren lässt, oder einer kollektiven überzeitlichen kulturellen Identität des Menschen behaupten. Jede dieser Annahmen ist aber hochgradig spekulativ.

Den zweiten Weg, den epistemischen und referentiellen Herausforderungen zu begegnen, wollen wir den theoretischen Platonismus nennen. In der englischsprachigen Literatur wird in diesem Zusammenhang zumeist der Begriff Vollblut-Platonismus verwendet, den wir für irreführend halten.[14] Dieser Ansatz geht von zwei Thesen aus:

1. Die Referenz mathematischer Theorie auf die Welt der mathematischen Gegenstände ist schematisch.
2. Die Welt der Mathematik enthält Gegenstände, die in jeder nur logisch möglichen Weise zueinander in Beziehung stehen.

Diese Ausgangsthesen erfordern Erläuterung. Wir nennen einen Gegenstandsbereich ein Modell für eine Theorie, wenn alle Aussagen der Theorie bezogen auf das Modell wahr sind. Wenn wir den singulären Termen der Theorie Gegenstände aus einem Bereich in geeigneter Weise zuordnen, beschreiben die Aussagen der Theorie das Modell der Theorie korrekt. Die Referenz der singulären Terme einer Theorie auf die Gegenstände eines Modells der Theorie wird schematisch genannt. Für eine Theorie gibt es im Allgemeinen mehrere Modelle, und wir haben die Freiheit eines der Modelle auszuwählen, auf den sich die Theorie bezieht. Ein singulärer Term in einer Theorie bezieht sich also auf einen Gegenstand in jedem Modell der Theorie, dies ist mit schematischer Referenz gemeint. Haben wir nun eine widerspruchsfreie mathematische Theorie formuliert, so hat diese nach der zweiten These mindestens ein Modell in der Welt der Mathematik. Wir behaupten hier also, dass die mathematische Welt so groß ist, dass sie für jede widerspruchsfreie mathematische Theorie mindestens einen Teil enthält, der ein Modell der Theorie darstellt. Die Referenz der mathematischen Theorie auf ihre Modelle in der mathematischen Welt ist schematisch im oben bestimmten Sinn.

---

[14]Diese Position wird zum Beispiel in Balaguer (1998) und Shapiro (1997) dargestellt.

Die so beschriebene schematische Referenz erfordert keine kausale Relation zwischen uns, wenn wir eine mathematische Theorie aufstellen, und den mathematischen Gegenständen, auf die wir uns beziehen. Es handelt sich hier also tatsächlich um eine Möglichkeit, der referentiellen Herausforderung zu begegnen. Auch die erkenntnistheoretische Herausforderung an den Platonismus wird durch den theoretischen Platonismus abgewendet. Durch widerspruchsfreie mathematische Theorien gewinnen wir objektive Erkenntnisse über einen Teil der mathematischen Welt, da es für jede dieser Theorien ein Modell in der Welt der mathematischen Gegenstände gibt, auf den sich unsere Theorie bezieht.

Obwohl der theoretische Platonismus für denjenigen, der platonische Grundintuitionen teilt, reizvoll erscheinen wird, hat er doch eine Reihe von Schwächen. Dass sich jede widerspruchsfreie mathematische Theorie, die wir formulieren können, auf Gegenstände bezieht, die unabhängig von uns existieren, ist eine sehr starke und kaum zu begründende metaphysische Behauptung. Ein Anhänger des intuitiven Platonismus wird vermutlich bestreiten, dass sich jedes mögliche widerspruchsfreies Axiomensystem der Mathematik auf die platonische Realität bezieht. Er wird vielmehr die meisten Axiomensysteme aufgrund von unmittelbarer intuitiver Einsicht verwerfen und andere als angemessen auszeichnen wollen. Des Weiteren wohnt dem Begriff der schematischen Referenz eine gewisse Willkür inne. Betrachten wir zum Beispiel die Peano-Arithmetik der natürlichen Zahlen, so gibt es Modelle dieser Theorie, die sich erheblich unterscheiden.[15] Der theoretische Platonismus erlaubt uns nicht, eines dieser Modelle als natürliche Zahlen auszuzeichnen, da sich die Theorie auf jedes dieser Modelle bezieht. Zuletzt ist der Begriff der Widerspruchsfreiheit einer mathematischen Theorie, den der theoretische Platonismus voraussetzt, problematisch. Wir gehen hierauf detailliert in Kap. 9 ein und merken hier nur an, dass sich die Widerspruchsfreiheit eines hinlänglich starken mathematischen Axiomensystems nicht innerhalb eines solchen Systems beweisen lässt. Im nächsten Abschnitt werden wir sehen, dass es Axiomensysteme der Mathematik gibt, die im Hinblick auf ihre Widerspruchsfreiheit gleichwertig sind, aber sehr unterschiedliche Aussagen in klassischen Gebieten der Mathematik implizieren. Ein theoretischer Platonist muss annehmen, dass sich jedes dieser Systeme auf einen Teil der mathematischen Realität bezieht.

3.5   Der Platonismus und die Kontinuums-Hypothese

Eines der großen Probleme in den Grundlagen der Mathematik ist die sogenannte Kontinuums-Hypothese. Die Frage ist, ob es eine Menge gibt, die im mengentheoretischen Sinne größer ist als die natürlichen Zahlen, aber kleiner als die reellen Zahlen. Genauer formuliert geht es darum, ob es eine Teilmenge der reellen Zahlen gibt, welche die natürlichen Zahlen enthält, sich aber weder eineindeutig auf die reellen noch eineindeutig auf die natürlichen Zahlen abbilden lässt. Die

---

[15] Siehe hierzu Kaye (1991).

Kontinuums-Hypothese besagt, dass solch eine Menge nicht existiert. Nun hat sich aber gezeigt, dass diese Frage in der konventionellen Mengenlehre nicht entscheidbar ist. Ein gewöhnliches Axiomensystem der Mengenlehre, wie etwa das Zermelo-Fraenkel-System mit Auswahlaxiom, impliziert keine Widersprüche genau dann, wenn es erweitert um die Kontinuums-Hypothese keine Widersprüche impliziert. Es impliziert aber auch keine Widersprüche genau dann, wenn es erweitert um die Negation der Kontinuums-Hypothese keine Widersprüche impliziert.[16] Wir können also die Kontinuums-Hypothese oder deren Negation zu den üblichen Axiomen einer Mengenlehre widerspruchsfrei hinzufügen. Soweit scheint es also unsere Entscheidung zu sein, ob es eine Menge gibt, die im mengentheoretischen Sinne größer als die natürlichen Zahlen, aber kleiner als die reellen Zahlen ist. Je nachdem, ob wir die Kontinuums-Hypothese oder deren Negation annehmen, erhalten wir vereinzelte Aussagen der Geometrie, Analysis und Topologie, die sich widersprechen.[17]

Dies ist ein ernstes Problem für einen Platonismus in Bezug auf die reellen Zahlen und damit für einen Platonismus in Bezug auf einen Großteil der modernen Mathematik, in der die reellen Zahlen verwendet werden. Wenn wir über die Existenz gewisser Teilmengen der reellen Zahlen tatsächlich entscheiden können, existieren die reellen Zahlen nicht unabhängig von unseren mentalen Vorgängen, der Platonismus in Bezug auf die reellen Zahlen wäre also falsch. Das gleiche gilt für alle Teilbereiche der Mathematik, wie etwa die Analysis oder die moderne Geometrie und Algebra, in der die reellen Zahlen verwendet werden.

Wir sehen drei Möglichkeiten, wie ein Platoniker mit diesem Problem umgehen kann.

Die erste Möglichkeit besteht darin, im Sinne des intuitiven Platonismus anzunehmen, dass ein einfaches und unmittelbar einsichtiges Axiom der Mengenlehre darauf wartet, von der Menschheit entdeckt zu werden und dieses Axiom die Kontinuums-Hypothese entscheidet. Das hieße, dass wir zurzeit den Begriff der Menge noch nicht richtig verstehen und wir erst dann, wenn dies der Fall ist, wissen werden, Mengen welcher Größe zwischen den natürlichen und reellen Zahlen existieren. Gegen diese platonische Perspektive spricht die Tatsache, dass die Kontinuums-Hypothese schon seit der Grundlegung der Mengenlehre durch Georg Cantor (1845–1918) bekannt ist und viele große Mathematiker über die Kontinuums-Hypothese nachgedacht haben, ohne einen Vorschlag für ein einfaches Axiom angeben zu können, welches das Problem löst.[18] Es bleibt trotzdem immer noch möglich, dass sich die platonische Hoffnung erfüllt.

---

[16]Siehe Kunen (1980) für eine Einführung in die Beweise der Unabhängigkeit der Kontinuums-Hypothese. Das Auswahlaxiom besagt, dass es zu einer Familie von Mengen eine Funktion gibt, die aus jeder der Mengen ein Element auswählt. Dieses Axiom ist in einem bedeutenden Teil der modernen Mathematik unverzichtbar, siehe hierzu auch Abschn. 7.5.

[17]Siehe zum Beispiel Sierpinski (1965) und Erdös (1953–1954).

[18]Anfang der 2000er-Jahre argumentiert der amerikanische Mathematiker William Hugh Woodin (1955–) ausgehend von der Existenz großer Kardinalzahlen gegen die Gültigkeit der Kontinuums-Hypothese, siehe Woodin (2001). Später revidierte er jedoch seine Auffassung und die Kontinuums-Hypothese ist nach wie vor offen.

Die zweite Möglichkeit, mit der Kontinuums-Hypothese umzugehen, besteht darin, im Sinne des theoretischen Platonismus anzunehmen, dass mindestens zwei Universen mathematischer Gegenstände existieren, wobei in einem Universum die Kontinuums-Hypothese gilt und in einem anderen ihre Negation wahr ist. Es gäbe demnach mindestens zwei Mengen reeller Zahlen, und je nachdem, über welches mathematische Universum wir sprechen, bezögen wir uns auf verschiedene Mengen reeller Zahlen. Diese Mengen würden sich hinsichtlich ihrer Eigenschaften und insbesondere in Bezug auf ihre Teilmengen erheblich unterscheiden.[19] Diese Lösung erinnert ein wenig an die Viele-Welten-Interpretation der Quantenmechanik, die behauptet, dass sich das Universum durch eine Messung an einem Quantensystem aufspaltet und alle gemäß der Theorie mögliche Messungen tatsächlich eintreten.[20] Eine solche Lösung des Problems der Kontinuums-Hypothese scheint uns philosophisch wenig reizvoll zu sein, da sie dem Prinzip der ontologischen Sparsamkeit widerspricht. Dies Prinzip wird nach dem englischen Philosophen Ockham (1288–1347) auch *Ockhams Rasiermesser* genannt und besagt, dass wir versuchen sollten von der Existenz möglichst weniger Gegenstände auszugehen, um die Phänomene, mit denen wir es tun haben, zu erklären.[21] Eine Mehrere-Welten-Interpretation der Mathematik vervielfacht die Welt der mathematischen Gegenstände, deren Existenz wir annehmen müssen. Wenn es eine philosophische Alternative gibt, sollte eben dies vermieden werden.

Die dritte Möglichkeit besteht darin, den Platonismus in der Philosophie der Mathematik auf die natürlichen Zahlen zu beschränken und zuzugestehen, dass die Mathematik, die über diese hinausgeht, tatsächlich von unseren mentalen Vorgängen abhängig ist. Der deutsche Mathematiker Leopold Kronecker (1823–1891) meinte in diesem Sinne *Die natürlichen Zahlen hat der liebe Gott gemacht, alles andere ist Menschenwerk*. Ein eingeschränkter Platonismus kann in folgender Weise präzisiert werden: Die Objekte, deren Existenz sich aus den Axiomen einer grundlegenden Mengenlehre ergibt, existieren im platonischen Sinne und sind unabhängig von unserem Erkenntnisprozess. Die Gegenstände, deren Existenz aus weiterführenden Axiomen wie etwa dem Auswahlaxiom geschlossen wird, existieren nicht unabhängig von mentalen Vorgängen. Es erscheint allerdings willkürlich zu sein, wo die Grenze zwischen der grundlegenden und einer erweiterten Mengenlehre gezogen wird. Wir könnten den Platonismus zum Beispiel auf endliche Mengen einschränken und davon ausgehen, dass schon die Existenz einer induktiv geordneten Menge und damit der Menge der natürlichen Zahlen nicht im platonischen Sinne zu verstehen ist. Siehe hierzu auch Kap. 8 zum Intuitionismus. In jedem Fall würde die Mathematik sich mit Gegenständen befassen, die sich in ihrer Seinsweise fundamental unterscheiden. Nehmen wir eine naive Perspektive auf die Mathematik als

---

[19]Die Viele-Universen-Interpretation der Mengenlehre wird zurzeit intensiv diskutiert, siehe zum Beispiel Hamkins (2012).

[20]Siehe hierzu Barrett und Byrne (2012).

[21]Siehe hierzu zum Beispiel Hübener (1983).

Ganzes ein, scheint dies nicht der Fall zu sein. Die Mathematik stellt sich uns in Bezug auf ihren Gegenstandsbereich einheitlich vor. Die drei hier beschriebenen Strategien, wie ein Platoniker mit dem Problem der Kontinuums-Hypothese umgehen kann, sind gewiss erwägenswert, wie überzeugend die Alternativen sind, mag der Leser einschätzen.

Rationalismus

4

Inhaltsverzeichnis

4.1 Einführung

Die Grundannahme des Rationalismus ist, dass wir als rationale Wesen apriorisches Wissen besitzen, das unabhängig von jedweder Erfahrung ist und keiner Begründung durch Erfahrung bedarf. Dieses Wissen ist unserer Vernunft entweder unmittelbar gegeben oder es wird durch die Tätigkeit der reinen Vernunft, ohne Rückgriff auf Erfahrung, erschlossen. Die Tätigkeit der reinen Vernunft wird gewöhnlich als Deduktion beschrieben, d. h., unsere Vernunft zieht aus gegebenen Voraussetzungen gültige Schlüsse. Der Rationalismus ist eine erkenntnistheoretische Position in der Philosophie. Als Erkenntnistheorie wird der Teilbereich der Philosophie bezeichnet, der sich mit der Frage, was Wissen ist, wie wir Wissen erwerben können und wie sich Aussagen rechtfertigen lassen, beschäftigt.

Aus der Grundannahme des Rationalismus folgt nicht, dass all unser Wissen unabhängig von Erfahrung ist. Wird jedoch ein Rationalismus in Bezug auf einen spezifischen Gegenstandsbereich der Erkenntnis vertreten, so heißt dies, dass alle wahren Aussagen über die Gegenstände des Bereichs a priori, also unabhängig von Erfahrung, gerechtfertigt sind. Ein Rationalismus in Bezug auf die Mathematik behauptet, dass wir die Wahrheit der Axiome mathematischer Theorien unmittelbar einsehen und aus diesen Voraussetzungen mathematische Aussagen mit Hilfe logischer Deduktion, also logischen Schlussregeln, herleiten. Wie uns mathematische Axiome gegeben sind, wird im Rationalismus auf unterschiedliche Art erläutert. Entweder ist dieses Wissen immer schon Teil unserer rationalen Natur, also angeboren,

© Springer-Verlag GmbH Deutschland, ein Teil von Springer Nature 2021   31
J. Neunhäuserer, *Einführung in die Philosophie der Mathematik*,
https://doi.org/10.1007/978-3-662-63714-2_4

oder es wird uns durch einen intuitiven Erkenntnisprozess zugänglich. Ein intuitiver Erkenntnisprozess kann in Analogie zu einer Sinneswahrnehmung verstanden werden: Wir sehen eine mathematische Tatsache vor unserem geistigen Auge. Für den Rationalisten ist die Intuition allerdings ein kognitiver mentaler Vorgang und nicht Teil unserer Sinnlichkeit oder Emotionalität.

Dem Rationalismus steht der Empirismus in der Erkenntnistheorie gegenüber. Der Empirismus behauptet, dass es keine andere Quelle des Wissens als Erfahrungen gibt, dass wir also Meinungen nur empirisch, d. h. durch Erfahrung rechtfertigen können. Der Empirismus lässt sich auf spezifische Gegenstandsbereiche der Erkenntnis einschränken. Ein Empirismus eingeschränkt auf solch einen Bereich behauptet, dass alle wahren Aussagen über die Gegenstände des Bereichs empirisch sind, also nur durch Erfahrung gerechtfertigt werden können. Wenn zwei Gegenstandsbereiche wohl unterschieden sind, lässt sich ein Rationalismus in Bezug auf den einen Bereich mit einem Empirismus in Bezug auf den anderen Bereich vereinbaren. Wenn die Gegenstandsbereiche jedoch nicht als disjunkt angenommen werden, widersprechen sich Empirismus und Rationalismus. Hierzu ein Beispiel: Wenn wir annehmen, dass die Gegenstände der Mathematik nicht in der Natur vorkommen, ist ein Empirismus in Bezug auf die Natur mit einem Rationalismus in Bezug auf die Mathematik vereinbar. Wenn wir jedoch annehmen, dass sich Gegenstände der Mathematik in der Natur finden, steht der Empirismus in Bezug auf die Natur im Widerspruch zum Rationalismus in Bezug auf die Mathematik. Die Aussagen der Mathematik können nicht gleichzeitig empirisch und a priori sein, also sich nur durch Erfahrung rechtfertigen lassen und unabhängig von Erfahrung gerechtfertigt sein.

In der Philosophiegeschichte wird ein philosophisches System als rationalistisch bezeichnet, wenn es apriorisches Wissen und deduktive Begründung in den Mittelpunkt stellt und empirisches Wissen und Begründungen durch Erfahrung ignoriert oder gering schätzt. Ein System wird empiristisch genannt, wenn es die Erfahrung als einzige oder wichtigste Quelle unseres Wissens kennzeichnet.[1] Schon in der Antike finden sich bei Platon und Aristoteles rationalistische Ansätze in der Erkenntnistheorie. Auf Platons Philosophie sind wir bereits in Kap. 3 eingegangen, sein Schüler Aristoteles entwickelt mit seiner Syllogistik eine Lehre des richtigen Schließens, die als Vorstufe der modernen Logik verstanden werden kann. Die klassischen rationalistischen Systeme entstehen in der frühen Neuzeit. Dies sind die Systeme des französischen Philosophen René Descartes (1596–1650), des niederländischen Philosophen Baruch de Spinoza (1632–1677) und des deutschen Philosophen Gottfried Wilhelm Leibniz (1646–1716). Den kontinentaleuropäischen Rationalisten werden in der Philosophiegeschichte traditionell die britischen Empiristen John Locke (1632–1704), George Berkeley (1685–1753) und David Hume (1711–1776) gegenübergestellt. Ob die Philosophie des großen englischen Naturforschers Isaac Newton (1642–1726) als rationalistisch bezeichnet werden kann, oder ob sie eine Spielart des Empirismus darstellt, ist umstritten. Wir betrachten diese Frage in Abschn. 4.3 differenziert. Die

---

[1]Dem Leser, der an der Geschichte der Philosophie interessiert ist, empfehlen wir Russel (2017) und Störig (2016).

Philosophie des deutschen Philosophen Immanuel Kant (1724–1804), auf die wir im Kap. 5 genauer eingehen, kann als Versuch einer Vermittlung zwischen Rationalismus und Empirismus gelesen werden. Diese grobe historische Einordung ist gewiss vereinfachend. Eine Gemeinsamkeit der Empiristen und Rationalisten liegt in der Abkehr von der göttlichen Offenbarung, also der Bibel, als grundlegender Quelle unserer Erkenntnis. Diese Abkehr war, egal ob rationalistisch oder empiristisch fundiert, eine notwendige Voraussetzung für den wissenschaftlichen Fortschritt in der Neuzeit. Auf der anderen Seite unterscheiden sich die einzelnen rationalistischen und empiristischen Systeme in ihren Grundsätzen erheblich. Eine einheitliche rationalistische oder empiristische Metaphysik ist nicht zu erkennen.

Bei Descartes, Leibniz und auch bei Newton finden wir Philosophien der Mathematik, die sich im Hinblick auf ontologische Fragen deutlich unterscheiden, aber alle eine rationalistische Erkenntnistheorie in Bezug auf die Mathematik beinhalten. Wir diskutieren diese Theorien in den Abschn. 4.2 bis 4.4. Spinoza verwendet in seinem Hauptwerk *Ethica, ordine geometrico demonstrata (1677)* die mathematische Methode in Form von Definitionen, Grundsätzen, Lehrsätzen und Beweisen, um eine Metaphysik, Anthropologie und Ethik in Anlehnung an die Geometrie Euklids zu entwerfen.[2] Einen systematischen Entwurf einer Philosophie der Mathematik können wir bei Spinoza nicht entdecken. Wir gehen daher auf diesen großen Denker nicht genauer ein. Die ausgefeilte Philosophie der Mathematik Kants wird uns im Kap. 5 noch beschäftigen.

4.2 Descartes

Die Philosophie von René Descartes bildet das erste originelle und einflussreiche philosophische System der Neuzeit. Descartes gilt daher als Begründer der modernen Philosophie. Bertrand Russell war sogar der Meinung, dass sich zwischen Aristoteles und Descartes nichts von vergleichbarer Bedeutung in der Geschichte der Philosophie findet. In seinen philosophischen Hauptwerken *Discours de la Méthode (1637)* und *Meditationes (1642)* geht Descartes von einem radikalen Zweifel aus, der heute als *cartesischer Zweifel* bekannt ist.[3] Descartes zweifelt sowohl an unserer Sinneswahrnehmung als auch an unserem Denken. Es könnte sein, dass ein mächtiger Dämon uns systematisch hinters Licht führt und alles anders ist, als es uns erscheint oder als wir denken. Wenn ich aber zweifele, ist es unmöglich zu bezweifeln, dass ich zweifele, also denke und damit existiere. Würde ich nicht existieren, könnte ich nicht denken und insbesondere nicht zweifeln. Dies führt Descartes zu seinem berühmten Satz *Cogito ergo sum* (Ich denke, also bin ich). Diese Gewissheit ist der Ausgangspunkt von Descartes Metaphysik, die Existenz der *res cogitans*, einer denkenden Substanz, ist gesichert. Ähnliche Überlegungen wie bei Descartes

---

[2]Dieses Werk liegt in deutscher Übersetzung vor, siehe de Spinoza (2017).
[3]Die Hauptwerke von Descartes liegen in deutscher Übersetzung vor, siehe Descartes (2018) und Descartes (2017).

finden sich bereits bei dem Kirchenlehrer Augustinus von Hippo (354–430) in der Spätantike. Im Gegensatz zu Descartes ist für Augustinus das denkende Subjekt, das unzweifelhaft existiert, nicht die Grundlage der Erkenntnis oder der Ausgangspunkt der Philosophie. Für Descartes ist der Satz *Cogito ergo sum* das Paradebeispiel eines wahren Satzes und das Paradigma seiner Erkenntnistheorie. Alles, was wir unmittelbar ebenso klar und deutlich erkennen wie diesen Satz, muss auch genauso gewiss sein. Descartes greift nun auf Argumente der mittelalterlichen Scholastik zurück, um die Existenz Gottes zu beweisen, was mit seinem vorgeblich radikalen Zweifel und starken Wahrheitsbegriff kaum vereinbar ist. Uns zumindest ist keine klare und deutliche Erkenntnis eines vollkommenen Wesens gegeben. Für Descartes existiert die Welt der Körper, da Gott als vollkommenes Wesen wahrhaftig ist und uns nicht wie ein böser Dämon in die Irre führt. Die charakteristische Eigenschaft der Körperwelt ist, wie wir unmittelbar klar und deutlich erkennen, Ausdehnung. Descartes Metaphysik setzt damit der *res cogitans* die *res extensa*, eine ausgedehnte Substanz, gegenüber. *Res cogitans* und *res extensa* sind wohlunterschieden, da die denkende Substanz nach Descartes keine Ausdehnung hat. Allerdings gibt es eine Wechselwirkung zwischen Körper und Geist im Menschen, von der Descartes annimmt, dass sie durch die Zirbeldrüse im Gehirn vermittelt wird. Der Geist ist für Descartes zwar nicht Ursache einer Bewegung des Körpers, hat aber einen Einfluss auf die Richtung der Bewegung. Aus Sicht der heutigen Hirnforschung und auch aus Sicht der zeitgenössischen Physik erscheint Descartes ursprüngliche Position unhaltbar zu sein. Der cartesische Dualismus lässt sich aber durchaus zeitgemäß formulieren: Es gibt die mentale Welt kognitiver Vorgänge und die physikalische Welt raumzeitlicher Prozesse, dabei wechselwirken die kognitiven Vorgänge mit bestimmten Prozessen im Gehirn. Diese ontologische Position ist in der heutigen internationalen Wissenschaftsgemeinde eher marginalisiert, wurde aber von herausragenden Wissenschaftlern wie dem Hirnforscher und Nobelpreisträger John Eccles (1903–1997) und dem berühmten englischen Mathematiker und Physiker Roger Penrose (1931–) vertreten.[4]

Nach dieser kurzen Einführung in die cartesische Gedankenwelt kommen wir nun zu Descartes Mathematik und Philosophie der Mathematik. Descartes hat mit *La géométrie* nur ein mathematisches Werk veröffentlicht.[5] In diesem Werk finden sich grundlegende Ideen, die zur Entwicklung der analytischen Geometrie führten. In der Mathematik vor Descartes wurde die Geometrie von der Arithmetik und Algebra getrennt untersucht. Mit der Anwendungen der Algebra in der Geometrie hat Descartes die fruchtbare Verbindung der beiden Gebiete aufgezeigt. Ihm gelingt so eine partielle Lösung eines der berühmtesten Probleme der antiken Geometrie, das auf den Mathematiker Apollonios von Perge (265–190 v.Chr.) zurückgeht.[6]

In *La géométrie* findet sich der essentielle Gedanke, Punkte einer Geraden durch Zahlen zu repräsentieren und umgekehrt Zahlen Punkte auf einer Graden zuzuordnen.

---

[4]Siehe hierzu Eccles und Popper (1997) und Penrose (2002).
[5]Dieses Werk bildet einen Anhang zur *Discours de la Méthode*.
[6]Das Apollonische Problem besteht darin, zu drei beliebigen Kreisen die Kreise zu konstruieren, die diese berühren.

Descartes verwendet in seinem Werk auch Koordinaten, also Paare von Zahlen, um Punkte auf Kurven in der Ebene zu beschreiben.[7] Das cartesische Koordinatensystem mit zwei oder mehr orthogonalen Achsen geht auf die Kommentare der *La géométrie* des niederländischen Mathematik Frans van Schooten (1615–1660) zurück, siehe hierzu Abb. 4.1.[8] Des Weiteren führt Descartes eine Reihe von Symbolen, wie das Gleichheitszeichen =, das Wurzelzeichen $\sqrt{a}$ oder die Exponentialschreibweise a^x, ein, die für die Entwicklung der symbolischen Sprache der Mathematik von großer Bedeutung waren.

In der Philosophie der Mathematik vertritt Descartes eine klare rationalistische Erkenntnistheorie, gepaart mit einem nichtplatonischen Realismus in Bezug auf die Gegenstände der Mathematik. Die Methode, mathematische Erkenntnisse zu gewinnen, ist bei Descartes analytischer Natur, sie besteht aus Intuition und Deduktion und greift auf nichts zurück, was durch Erfahrung gegeben und damit unsicher ist. Eine mathematische Intuition ist bei Descartes eine unmittelbare klare und deutliche Auffassung der reinen und achtsamen Vernunft, an der wir nicht zweifeln können. Diese ist einfacher und sicherer als die Deduktion, die nach Descartes all das bestimmt, was mit Notwendigkeit aus Sätzen, die mit Sicherheit erkannt wurden, abgeleitet werden kann. Eine formale Logik, die präzisiert, wann eine Deduktion schlüssig ist, entwickelt Descartes nicht. Er beschränkt sich auf die Angabe allgemeiner Regeln, die die wissenschaftliche Praxis bestimmen sollen. Die Mathematik ist dabei für Descartes das Vorbild aller Wissenschaften und soll zu einer *mathesis universalis* ausgebaut werden.

Die Gegenstände der Mathematik sind bei Descartes quantitative Eigenschaften der *res extensa*, der Welt der ausgedehnten Körper. Diese existieren unabhängig von der *res cogitans*, der Welt der Gedanken. In diesem Sinne ist Descartes ein Realist in der Philosophie der Mathematik. Er ist jedoch kein platonischer Realist, da sich die Mathematik nicht mit Ideen, sondern quantifizierbaren Eigenschaften der materiellen Welt beschäftigt. Nach Descartes haben wir eine unmittelbare klare und deutliche Intuition der Ausdehnung von materiellen Körpern, die uns erlaubt unabhängig von Erfahrung Aussagen über diese Körper zu treffen. Unsere Idee der Ausdehnung beschreibt die tatsächliche Ausdehnung materieller Körper, und gerade diese ist für Descartes die essentielle Eigenschaft der materiellen Welt. Von anderen Eigenschaften materieller Körper, wie zum Beispiel Farbe oder Festigkeit, abstrahiert Descartes, um zum geometrischen Wesen der *res extensa* vorzudringen, mit dem sich, wie Descartes meint, die Mathematik beschäftigt.

Die rationalistische Erkenntnistheorie Descartes scheint uns eingeschränkt auf die Mathematik auch heute noch annehmbar. Wir akzeptieren Axiome mathematischer Theorien aufgrund einer unmittelbaren intuitiven Einsicht in deren Gültigkeit und rechtfertigen die Sätze mathematischer Theorien durch Beweise, also deduktiven Herleitungen mittels logischer Schlussregeln. Wir bezweifeln allerdings, dass uns die

---

[7]Diese Ideen finden sich auch bei dem französischen Mathematiker Pierre de Fermat (1607–1665).
[8]Wir verlassen uns hier auf Burton (2011). Es ist auch zu lesen, dass das cartesische Koordinatensystem schon vor Descartes bekannt war. Es war uns nicht möglich diese Behauptung anhand von Quellen zu prüfen.

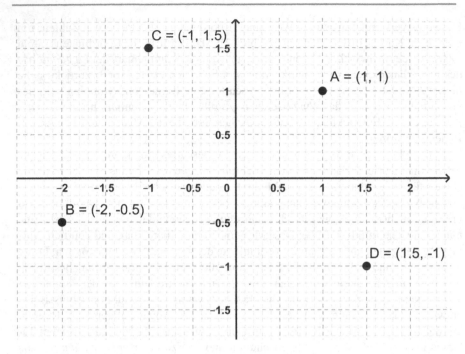

Abb. 4.1 Das ebene cartesische Koordinatensystem mit vier Punkten

reine Mathematik irgendeine Auskunft über die materielle Welt oder die physikalische Realität erteilt. Unser grundlegender Zugang zur physikalischen Realität liegt in unserer Sinnlichkeit. Die Rechtfertigung einer Aussage über die physikalische Realität erfordert immer den Rückgriff auf Erfahrungen, wie zum Beispiel Beobachtungen oder Messungen. Man könnte diese Position einen minimalen Empirismus nennen. Selbst die Geometrie der physikalischen Realität lässt sich nicht a priori bestimmen. Descartes war nur die Euklidische Geometrie bekannt, die den flachen ungekrümmten Raum beschreibt. Wir wissen heute, dass es Alternativen zu dieser Geometrie gibt, die Räume mit Krümmung beschreiben. Welche Geometrie der physikalischen Realität zukommt, ist eine Frage, die ohne Beobachtungen und Messungen nicht zu entscheiden ist. Die Aussagen der reinen Mathematik sind unserer Auffassung nach tatsächlich a priori wahr, ihre Rechtfertigung kommt ohne den Rückgriff auf Erfahrung aus. Aus diesem Grunde kann die Mathematik für sich genommen keine Erkenntnisse über die physikalische Realität und insbesondere keine Erkenntnisse über die Geometrie der Natur beinhalten. Dabei bestreiten wir selbstverständlich nicht, dass mathematische Modelle und Methoden in den empirischen Wissenschaften sehr erfolgreich eingesetzt werden. Jede mathematisch formulierte und gehaltvolle Theorie der empirischen Wissenschaft beinhaltet hierbei allerdings Aussagen, die sich nur empirisch prüfen lassen.

4.3 Newton

Der Engländer Isaac Newton (1642–1726) gilt als einer der bedeutendsten Naturforscher in der Geschichte der Wissenschaften. In seinem Werk *Philosophiae Naturalis Principia Mathematica (1687)* formuliert er die drei Bewegungsgesetze der klassischen Mechanik und das Gravitationsgesetz.[9] Aus diesen Gesetzen konnte er unter anderem die drei Kepler'schen Gesetze der Planetenbewegung herleiten. Bis heute sind die Newton'schen Gesetze ein zentraler Bestandteil der klassischen Physik. Sie erlauben mit gewissen Einschränkungen des Gültigkeitsbereichs zuverlässige empirische Vorhersagen. Neben seinen Arbeiten zur Mechanik umfasst Newtons Werk auch einflussreiche Arbeiten zur Optik, Akustik und Wärmelehre. In der Mathematik entwickelt Newton ungefähr zur gleichen Zeit wie Gottfried Wilhelm Leibniz die Differential- und Integralrechnung, und damit die Grundlage der Analysis. In Newtons Werk findet sich bereits der Hauptsatz der Analysis, der es erlaubt Integrale durch die Umkehrung der Differentiation zu bestimmen. Weiterhin geht die Klassifikation der ebenen Kubiken in der algebraischen Geometrie und die Verallgemeinerung des Binomialsatzes für nicht ganzzahlige Exponenten auf Newton zurück.

Die Philosophie Newtons wird ausgehend von seinen naturwissenschaftlichen Arbeiten oft als Naturphilosophie verstanden. Die Natur beinhaltet nach Newton zum einen die passive Materie und zum anderen die immateriellen Naturgesetze, die die Veränderungen der Materie bestimmen. Anders als Descartes vertritt Newton keinen ontologischen Dualismus zwischen Natur und Geist, bzw. zwischen physikalischer und mentaler Realität. Bei Newton finden sich jedoch wie bei Descartes theologische Spekulationen über die Rolle Gottes in der Welt. Trotzdem vertritt Newton in Bezug auf die Natur eine deutlich empiristische Erkenntnistheorie. Beobachtungen und Experimente sind für ihn die grundlegenden Quellen der Erkenntnis der Natur und der Naturgesetze. In diesem Sinne kann Newton als Empirist verstanden werden. Betrachten wir Newtons Philosophie der Mathematik, ändert sich unser Eindruck. Die Grundposition von Newton und Descartes in der Philsophie der Mathematik ist identisch. Für beide Denker sind die Aussagen der Mathematik a priori wahr und beziehen sich auf die physikalische Realität. Newton geht in der Abstraktion jedoch einen Schritt weiter als Descartes. Für Descartes war, wie gesagt, die Ausdehnung der Körper Gegenstand der Mathematik und der Raum ist bei Descartes nichts anderes als die Ausdehnung der Körper. Bei Newton ist die Ausdehnung selbst, die wir unabhängig von Körpern und ihren Eigenschaften begreifen, Gegenstand der Mathematik. Wenn wir von den Körpern und ihren Eigenschaften abstrahieren, bleibt die Vorstellung des unendlich ausgedehnten, kontinuierlichen, bewegungslosen, unveränderlichen und ewigen Raumes. Dieser absolute Raum ist für Newton das eigentliche Thema der reinen Mathematik. Er beinhaltet alle möglichen Raumbereiche, die ein Körper einnehmen, d. h. materiell belegen, kann. Wie die Ontologie der Mathematik ausbuchstabiert wird, unterscheidet sich also bei Descartes und Newton erheblich. Der absolute Raum Newtons ist aber, wie die Ausdehnung der Köper

---

[9]Das Werk liegt in deutscher Übersetzung vor, siehe Newton (2016).

bei Descartes, Teil der physikalischen Realität. Newton vertritt also wie Descartes einen nicht-platonischen Realismus. Die Erkenntnistheorie Newtons in Bezug auf die Mathematik ähnelt der Descartes und kann als rationalistisch verstanden werden. Nach Newton besitzen wir die Fähigkeit, die tatsächliche und allgemeine Natur des absoluten Raumes zu begreifen. Diese Fähigkeit ist für Newton nicht sinnlich, da uns die Sinnlichkeit nur die Wahrnehmung materieller Körper erlaubt. Es handelt sich bei dieser Fähigkeit vielmehr um eine unmittelbare klare mentale Vision. Die Aussagen der reinen Mathematik sind damit auch für Newton a priori und nicht empirisch. Unserer Auffassung nach zeigt die Philosophie der Mathematik Newtons, dass wir ihn nicht als reinen Empiristen sehen sollten.

Uns sei hier noch eine kurze kritische Einschätzung der Philosophie der Mathematik Newtons gestattet. Wir schätzen die Erkenntnistheorie der Mathematik Newtons wie auch die von Descartes. Wir bezweifeln aber, dass der physikalische Raum Gegenstand der reinen Mathematik ist, und können uns daher nicht mit Newtons Ontologie der Mathematik anfreunden. Ohne Experimente und Beobachtung lässt sich die Natur des physikalischen Raumes unserer Überzeugung nach nicht bestimmen. Ist der physikalische Raum tatsächlich unendlich ausgedehnt oder doch beschränkt? Ist er tatsächlich kontinuierlich oder in Wahrheit diskret mit einer körnigen Feinstruktur? Ist er flach oder gekrümmt? All diese Fragen lassen sich ohne Rückgriff auf Empirie mit Sicherheit nicht beantworten. Wir gehen davon aus, dass der absolute Raum, den Newton vor Augen hat, der dreidimensionale Euklidische Raum ist. Aussagen über diesen Raum sind tatsächlich a priori. Wir können den Euklidischen Raum entweder axiomatisch beschreiben oder ihn in einer allgemeineren mathematischen Theorie definieren und erhalten dann die Aussagen der Euklidischen Geometrie durch Deduktion. Der Euklidische Raum ist aber nicht der physikalische Raum, da sich alle wahren Aussagen über ihn unabhängig von Erfahrung begründen lassen, was beim physikalischen Raum nicht der Fall ist. Wir wissen seit den experimentellen Befunden, die die allgemeine Relativitätstheorie Einsteins stützen, dass der dreidimensionale Euklidische Raum nicht einmal ein optimales Modell des physikalischen Raums darstellt. Selbst das beste mathematische Modell des physikalischen Raums, das wir haben, sollte unserer Meinung nach nicht mit diesem identifiziert werden. Mathematische Modelle der physikalischen Realität unterliegen Revisionen aufgrund neuer empirischer Befunde.

4.4   Leibniz

Gottfried Wilhelm Leibniz (1646–1716) wird zuweilen als letzter großer Universalgelehrter bezeichnet, da sein Werk Beiträge zur Philosophie, Mathematik, Physik, Psychologie, zu Sprachwissenschaften, zur Rechtslehre, Medizin und Technik enthält. Leibniz' Schriften sind umfangreich, vielfältig und nicht systematisch geordnet, eine kritische Gesamtausgabe ist noch immer nicht abgeschlossen.[10] Leibniz hat

---

[10]Siehe Leibniz (2019) zu den bisher erschienenen Bänden.

seine philosophischen Positionen wiederholt revidiert und sein Werk enthält Widersprüche, die er entweder nicht bemerkt oder nicht ausgeräumt hat, da ihm die Zeit hierzu fehlte.

Ein Kernstück der Metaphysik, die Leibniz entwickelt, ist die *Monadologie (1714)*.[11] Die Welt besteht nach Leibniz ausschließlich aus Monaden, d. h. unteilbaren und einzigartigen Einheiten. Monaden sind die Substanzen, aus denen die Welt besteht. Der Raum wird durch die Monaden konstituiert und existiert nicht, wie bei Newton, unabhängig von den Gegenständen in ihm. Weiterhin ist der Raum bei Leibniz nicht, wie bei Descartes und bei Newton, kontinuierlich und unendlich teilbar. Er ist vielmehr diskret und die Monaden sind die kleinsten räumlichen Einheiten. Jeder räumliche Körper ist für Leibniz nichts anderes als eine Ansammlung von Monaden, die den Körper vollständig definieren. Soweit fühlen wir uns an zeitgenössische Elementarteilchentheorien erinnert, die die Eigenschaften des physikalischen Raumes durch die Verteilung von Masse, bzw. Energie, bestimmt sehen. Folgen wir Leibniz weiter, zerschlägt sich dieser Eindruck allerdings. Leibniz vertritt einen Panpsychismus: Monaden sind Seelen und in der Lage, zu denken. Niedere Monaden haben dabei nur dunkle, träumerische Vorstellungen. Die höheren Monaden, wie die Seele eines Menschen, haben ein Bewusstsein und verfügen über Wissen. Die höchste Monade, also Gott, hat unendliches Bewusstsein und ist allwissend. Es ist irritierend, dass Leibniz annimmt, dass die mentalen Vorgänge der Monaden ihre Außenwelt mehr oder minder gut widerspiegeln, aber ganz unabhängig von der Außenwelt entstehen. Es gibt bei Leibniz keine kausale Verbindung zwischen einer Monade und ihrer Umgebung. Leibniz unterstellt vielmehr eine prästabilierte Harmonie zwischen den Vorstellungen der Monaden und der Welt aller Monaden; diese Harmonie ermöglicht Erkenntnis und Wissen. Angesichts dieser metaphysischen Grundlage verwundert es nicht, dass Leibniz vermeintlichen Gottesbeweisen viel Aufmerksamkeit widmet. Ohne die Annahme eines mächtigen und gütigen Schöpfergottes ist die Existenz der prästabilierten Harmonie wohl schwer zu rechtfertigen.

Nach dieser kurzen Skizze der Monadologie kommen wir nun zur Mathematik und deren Philosophie in Leibniz Werk. Wie Newton entwickelt Leibniz Grundlagen der Differential- und Integralrechnung. Die bis heute gebräuchliche Notation dy/dx für Differentialquotienten und das Integralzeichen $\int$ gehen auf ihn zurück. Leibniz hat seine Ergebnisse zur Differential- und Integralrechnung drei Jahre vor Newton in *Acta eruditorum (1684)* veröffentlicht. Newton waren die Grundzüge der Infinitesimalrechnung aber schon vor Leibniz bekannt und aus heutiger Sicht können beide Denker im gleichen Maße als Begründer der Analysis gelten. Das Konvergenzkriterium für alternierende Reihen und eine Reihendarstellung der Archimedischen Konstante π sind zwei Ergebnisse von Leibniz, die heute jeder Mathematikstudent kennt.[12] Daneben geht auch die Matrixschreibweise in der linearen Algebra, sowie eine Formel zur Berechnung der Determinante auf Leibniz zurück. Auch

---

[11] Siehe Leibniz (2017).
[12] Die schöne Leibniz Formel für π lautet: $\pi/4 = \sum_{k=0}^{\infty} (-1)^k/(2k+1) = 1 - 1/3 + 1/5 - 1/7 + 1/9 - \ldots$

grundlegende Ideen der zeitgenössischen Topologie und fraktalen Geometrie sollen von Leibniz antizipert worden sein.[13]

Unsere Auffassung nach ist Leibniz kein Realist in der Philosophie der Mathematik. Monaden können nicht als Gegenstand der Mathematik verstanden werden, da sie denkende Substanzen sind. Obwohl Monaden unteilbar sind ist die Identifikation von Monaden mit Punkten in einem mathematischen Raum nicht im Sinne von Leibniz. Auch die Relationen zwischen Monaden sind nicht Gegenstand der Mathematik. Die prästabilierte Harmonie, die diese Relationen bestimmt, begründet sich metaphysisch und nicht mathematisch. Für Leibniz sind die Gegenstände der Mathematik, wie Zahlen und geometrische Figuren, vielmehr klare und deutliche Ideen die aus der menschlichen Vorstellungskraft stammen. Sie sind damit nicht unabhängig von mentalen Vorgängern, sondern werden durch mentale Vorgänge höherer Monaden konstituiert.

In der Erkenntnistheorie der Mathematik vertritt Leibniz einen Rationalismus: Mathematische Wahrheiten sind Vernunftwahrheiten. Vernunftwahrheiten charakterisiert Leibniz als notwendige Wahrheiten, ihre Negation führt zu Widersprüchen und sie gelten in allen möglichen Welten. Vernunftwahrheiten sind insbesondere a priori wahr, sie können nicht durch Erfahrung widerlegt werden. Den Vernunftwahrheiten stellt Leibniz die Tatsachenwahrheiten gegenüber. Tatsachenwahrheiten können durch Erfahrungen bestätigt oder widerlegt werden. Es gibt für Leibniz zwei Typen von Vernunftwahrheiten, nämlich Grundwahrheiten und abgeleitete Wahrheiten. Grundwahrheiten benötigen keine Begründung, weil sie in sich per se klar sind, und abgeleitete Wahrheiten werden durch logische Deduktion gewonnen. Die Axiome mathematischer Theorie sind für Leibniz Grundwahrheiten und die Sätze mathematischer Theorien sind abgeleitete Wahrheiten.

Leibniz beabsichtigte die Entwicklung einer streng symbolischen Sprache der *characteristica universalis,* die in der Lage sein soll, alles vernünftig Geordnete zu beschreiben. Ein universelles Logikkalkül, die *mathesis universalis,* soll uns dann erlauben, alle Probleme, die in der *charteristica universalis* formulierbar sind, zu lösen. Dieses von erkenntnistheoretischem Optimismus beseelte Projekt wurde von Leibniz bedauerlicherweise nicht realisiert. Die Ideen, die Leibniz in diesem Zusammenhang entwickelte, finden ihren Widerhall im Logizismus und auch im Formalismus in der Philosophie der Mathematik, auf die wir in Kap. 7 und 9 eingehen.

Zum Abschluss des Kapitels erscheinen uns einige kritische Anmerkungen zu Leibniz' Philosophie der Mathematik angebracht. Alle nicht realistischen Ansätze in der Ontologie der Mathematik, die davon ausgehen, dass die Gegenstände der Mathematik mental sind, haben ein gemeinsames Problem. Sie müssen erklären, warum die mathematischen Vorstellung und Ideen verschiedener Personen hinlänglich übereinstimmen, um einen einheitlichen Gegenstandsbereich der Mathematik zu bestimmen. Würde kein solcher einheitlicher Gegenstandsbereich existieren, folgte aus einer mentalistischen Ontologie, dass die Aussagen der Mathematik rein subjektiv sind. Offensichtlich ist diese Behauptung mindestens hochgradig problematisch,

---

[13]Siehe hierzu Mandelbrot (2014).

wenn nicht sogar unhaltbar. Leibniz gibt mit seiner Theorie der prästabilierten Harmonie eine Erklärung für die Übereinstimmung der mathematischen Vorstellung und Ideen der höheren Monaden. Wir können uns mit dieser Erklärung jedoch nicht recht anfreunden. Die Existenz einer prästabilierten Harmonie ist ohne starke theologische Annahmen nicht zu begründen.

Leibniz' These, dass es sich bei wahren mathematischen Aussagen um Vernunftwahrheiten handelt, sind wir gerne bereit zuzustimmen, und auch seine Unterscheidung zwischen Grundwahrheiten und abgeleiteten Wahrheiten in der Mathematik ist sinnvoll. Trotzdem haben wir mit der rationalistischen Erkenntnistheorie, wie Leibniz sie beschreibt, erhebliche Probleme. Wir zweifeln daran, dass die mathematischen Grundwahrheiten, also die Axiome der Mathematik, notwendig wahr sind und in allen möglichen Welten gelten. Die Tautologien und Schlussregeln der Logik mögen tatsächlich notwendig wahr sein und daher in allen logisch möglichen Welten gelten. Ob sich die Mathematik in ihrer Gesamtheit auf Logik reduzieren lässt, ist jedoch fragwürdig. Wir gehen auf den Logizismus in der Philosophie der Mathematik, als dessen Vorläufer Leibniz gelten kann, in Kap. 7 noch ausführlich ein. Hier sei nur angemerkt, dass aus der Behauptung, dass ein mathematisches Axiom a priori wahr ist, sich also unabhängig von Erfahrung durch unmittelbare Intuition rechtfertigen lässt, nicht folgt, dass das Axiom eine logische Wahrheit darstellt. Zum Beispiel ist eine Welt, in der es nur endliche Mengen gibt, möglich. Aus der Annahme, dass es nur solche Mengen gibt, folgt soweit uns bekannt kein logischer Widerspruch. Trotzdem sind wir der Auffassung, dass die Behauptung der Existenz der natürlichen Zahlen durch unmittelbare Intuition, unabhängig von Erfahrung, gerechtfertigt ist.

Kantianismus 5

Inhaltsverzeichnis

5.1   Immanuel Kant und sein Werk

Immanuel Kant (1724–1804) gilt manchen als der bedeutendste Philosoph der Neuzeit, sein Werk ist in der Tat umfangreich, vielfältig und originell.[1]

Kant studierte ab 1740 Philosophie, Physik und Mathematik an der Albertus-Universität in seiner Heimatstadt Königsberg. Nach dem Tod seines Vaters 1746 arbeitete er als Hauslehrer und Hofmeister in der Nähe von Königsberg. 1755 habilitierte er mit dem Thema *Die ersten Grundsätze der metaphysischen Erkenntnis (Nova dilucidatio)* und wurde Privatdozent in Königsberg, mit sehr hoher Lehrverpflichtung (vermutlich 16 SWS). Erst 1770 erhielt er den von ihm angestrebten Ruf auf die Professor für Logik und Metaphysik. Von 1786–1788 war Kant Rektor der Albertus-Universität und wurde 1787 Mitglied der Berliner Akademie der Wissenschaften. In seinen letzten Lebensjahren geriet Kant in Konflikt mit der preußischen Zensurbehörde. In einem Edikt von 1794 wurde ihm die Herabwürdigung der heiligen Schrift und des Christentums zur Last gelegt. Kant lehrte trotzdem bis 1796 weiter, war aber angehalten, sich religiöser Stellungnahmen zu enthalten. Kants Leben wird gewöhnlich als ereignislos, diszipliniert und gleichförmig beschrieben. Er heiratete nicht und starb 1804 ohne Kinder zu hinterlassen.[2]

---

[1] Wir verweisen hier auf die Gesamtausgabe Kant (1900–1908).

[2] Ausführlichere biographische und historische Informationen finden sich zum Beispiel in Störig (2016).

© Springer-Verlag GmbH Deutschland, ein Teil von Springer Nature 2021   43
J. Neunhäuserer, *Einführung in die Philosophie der Mathematik*,
https://doi.org/10.1007/978-3-662-63714-2_5

Bereits in seinen frühen Schriften wendet sich Kant von der dogmatischen Metaphysik, die auf Gottfried Wilhelm Leibniz (1646–1716) und Christian Wolff (1679–1754) zurückgeht ab.[3] In seiner Habilitation von 1755 entwickelt er eine eigenständige subjektivistische Theorie von Raum und Zeit, die eine Grundlage seines späteren transzendentalen Idealismus darstellt. Nach eigenem Bekunden war es aber erst die Begegnung mit der skeptischen Philosophie des Schotten David Humes (1711–1776), die ihn aus dem dogmatischen Schlummer erwachen ließ. In seinem Hauptwerk *Kritik der reinen Vernunft (1781)* entwickelt Kant eine Philosophie jenseits rationalistischer Dogmatik und empiristischer Skepsis.[4] In diesem Werk finden wir auch Kants Philosophie der Mathematik, auf die wir in Abschn. 5.2 ausführlich eingehen. Als Vorbereitung geben wir hier eine kurze Einführung in die Grundbegriffe und den Aufbau der Kritik der reinen Vernunft.

Kant unterscheidet analytische und synthetische Urteile. Analytische Urteile sind allein aufgrund der Bedeutung der in ihnen vorkommenden Begriffen wahr bzw. falsch. Zum Beispiel bringt der Satz *Alle Junggesellen sind unverheiratet* ein wahres analytisches Urteil zum Ausdruck. Synthetische Urteile sind wahr oder falsch aufgrund von Tatsachen jenseits der Sprache. Wahre synthetische Urteile bringen also eine Erkenntnis über die Welt zur Sprache. Des Weiteren unterscheidet Kant Urteile a priori von Urteilen a posteriori. Wahre Urteile a posteriori beruhen auf sinnlicher Erfahrung; sie sind empirisch. Im Gegensatz dazu stützen sich Urteile a priori nicht auf Erfahrung; sie sind unabhängig von jedweder Erfahrung wahr oder falsch. Offenbar sind alle wahren analytischen Urteile a priori wahr, sie beziehen sich nicht auf die erfahrbare Welt. Genauso sind alle Urteile a posteriori synthetisch, sie beziehen sich auf die erfahrbare Welt und können daher nicht analytisch sein. Wir fassen die Arten von Urteilen, die Kant unterscheidet, in folgender Tabelle zusammen:

	A priori	A posteriori
Analytisch	Begrifflich, logisch	(keine)
Synthetisch	Naturwissenschaftlich? mathematisch? metaphysisch?	Empirisch

Die Frage, die der Kritik der reinen Vernunft zugrunde liegt, lautet: Wie sind synthetische Urteile a priori möglich? Kant ist insoweit Rationalist, als er die Möglichkeit solcher Urteile nicht bezweifelt, er ist dabei aber kritisch in dem Sinne, dass er die Bedingungen der Möglichkeit rationaler Erkenntnis klären möchte. Die drei konkreten Fragen, denen sich die Kritik der reinen Vernunft widmet, lauten:

(1) Wie ist reine Mathematik möglich?
(2) Wie ist reine Naturwissenschaft möglich?
(3) Wie ist Metaphysik als Wissenschaft möglich?

---

[3] Siehe hierzu auch das letzte Kap. 4.
[4] Wir verweisen hier wieder auf Kant (1900–1908)

Diese Fragen werden insbesondere in der transzendentalen Elementarlehre behandelt, die den ersten Teil der Kritik der reinen Vernunft bildet. Die transzendentale Methodenlehre im zweiten Teil enthält die Skizze bzw. die notwendigen Bedingungen für ein vollständiges philosophisches System, das auf der transzendentalen Elementarlehre beruht. Die transzendentale Elementarlehre besteht aus drei langen Abschnitten, der transzendentalen Ästhetik, der transzendentalen Analytik und der transzendentalen Dialektik, wobei die letzten beiden Abschnitte zur transzendentalen Logik zusammengefasst sind. In der transzendentalen Ästhetik versucht Kant die Grundlage der Möglichkeit der reinen Mathematik zu klären; dieser Teil wird uns in Abschn. 5.2 beschäftigen. In der transzendentalen Analytik versucht sich Kant in einer Begründung der Möglichkeit reiner nicht empirischer Naturwissenschaft. Die transzendentale Dialektik soll die Art und Weise klären, in der Metaphysik als Wissenschaft möglich ist. Für Kants Philosophie der Mathematik sind diese beiden Teile von untergeordnetem Interesse und wir werden sie daher im nächsten Abschnitt nicht berücksichtigen.

Die Wirkung der Kritik der reinen Vernunft ist bemerkenswert. Sie ist der entscheidende Ausgangspunkt des deutschen Idealismus, als dessen wichtigste Vertreter Johann Gottlieb Fichte (1762–1814), Georg Wilhelm Friedrich Hegel (1770–1831) und Joseph Schelling (1775–1854) gelten. Auch für den Neukantianismus im 19. Jahrhundert ist die Kritik der reinen Vernunft der zentrale Bezugspunkt. Mittlerweile wird die Kritik der reinen Vernunft global rezipiert. Auf der anderen Seite attackieren Theisten, die in der traditionellen Metaphysik verhaftet sind, das Werk. Kants systematische Kritik an dieser Metaphysik in der transzendentalen Dialektik zeigt unter anderem auf, dass sich die Existenz einer unsterblichen Seele oder Gottes als Urgrund der Welt nicht mit den Mitteln der reinen Vernunft beweisen lässt. Der deutsche Philosoph Moses Mendelssohn (1729–1786) bezeichnet Kant daher als den „alles Zermalmenden". Für manche Christen war die Philosophie Kants wohl inakzeptabel und die Kritik der reinen Vernunft schaffte es 1827 sogar auf den Index librorum prohibitorum, einer Liste von Büchern, deren Lektüre für jeden Katholiken eine schwere Sünde war.[5]

Nach der Kritik der reinen Vernunft veröffentlichte Kant eine Reihe weiterer Werke. In der *Grundlegung zur Metaphysik der Sitten (1785)* und der *Kritik der praktischen Vernunft (1788)* entwickelt Kant seine Ethik. Der berühmte kategorische Imperativ wird im ersten Buch vorgestellt und im zweiten Buch ausführlich begründet. Den Abschluss der kritischen Schriften bildet die *Kritik der Urteilskraft (1790),* die versucht zwischen den zwei vorangegangenen Kritiken zu vermitteln und überraschenderweise eine Philosophie des Gefühls anbietet. Zuletzt sei noch Kants Alterswerk *Zum ewigen Frieden (1795)* erwähnt, in dem er seine Moralphilosophie auf die Politik anwendet und die Idee eines Völkerbundes entwickelt, die den

---

[5]Siehe Fischer (2005). Der Index war ein Instrument der römisch-katholischen Inquisition, das erst im Zweiten Vatikanischen Konzil 1966 abgeschafft wurde.

globalen Frieden sichert.[6] Diese Idee findet sich heute in der Charta der Vereinten Nationen wieder.[7]

Wie man auch immer im Einzelnen zu Kants Philosophie stehen mag, sein Werk ist in jedem Fall einflussreich und beeindruckend.

5.2   Mathematik in der Kritik der reinen Vernunft

Wie in Abschn. 5.1 gesagt, entwickelt Kant seine Philosophie der Mathematik in der transzendentalen Ästhetik, dem ersten Teil der Kritik der reinen Vernunft. Mit Ästhetik ist hier nicht die Lehre vom Schönen gemeint. Kant bezieht sich vielmehr auf den griechischen Begriff *aisthesis,* also die Sinneswahrnehmung. Die transzendentale Ästhetik versucht die Bedingungen der Möglichkeit von Sinneswahrnehmung zu klären. Unsere Sinnlichkeit besteht für Kant in der Fähigkeit, Vorstellungen durch die Sinne zu erhalten. Solche Vorstellungen nennt Kant Anschauungen; sie sind uns durch die Affektion der Sinne unmittelbar gegeben. Nun stellt sich die Frage, was die Mathematik mit unseren Anschauungen, die durch die Sinne gegeben sind, zu tun hat. Kant vertritt die folgende originelle und seltsame ontologische und erkenntnistheoretische Position in der Philosophie der Mathematik:

(1) Die Gegenstände der Mathematik sind apriorische Formen unserer Anschauung.
(2) Diese Formen sind die Grundlage mathematischer Erkenntnis.

Um diese Thesen zu verstehen, müssen wir erläutern, welche apriorischen Formen Kant unseren Anschauungen unterstellt. Kant unterscheidet zwei Arten der Sinnlichkeit und damit zwei Formen der Anschauung. Zum einen haben wir die fünf äußeren Sinne Sehen, Hören, Riechen, Schmecken, Tasten. Die Form der Vorstellungen, die durch diese Sinne gegeben sind, ist für Kant der Raum. Zum anderen haben wir einen inneren Sinn, die Introspektion, die uns die eigenen mentalen Zustände bzw. Vorgänge gibt. Die Form der Vorstellungen, die uns durch den inneren Sinn gegeben sind, ist die Zeit. Die Zeit ist dabei auch eine Form der Vorstellungen der äußeren Sinne, da uns diese Vorstellungen auch introspektiv gegeben sind. Als Ganzes sind Raum und Zeit damit die zwei Formen der Anschauung.

In der Mathematik kennt Kant nun auch zwei Gebiete, nämlich die Geometrie und die Arithmetik. Wie seine Beispiele zeigen, meint er mit Geometrie immer die elementare Geometrie Euklids (3. Jh. v.Chr.), die dieser in den *Elementen* entwickelt.[8] Mit Arithmetik meint Kant immer die elementare Arithmetik der natürlichen Zahlen, wobei er die Meinung vertritt, dass die natürlichen Zahlen durch den Vorgang des Zählens gegeben sind. Die Analysis, Algebra, Wahrscheinlichkeitstheorie und Numerik, die zu Kants Zeit auch schon in Ansätzen vorhanden waren, werden

---

[6]Zu den Werken verweisen wir wieder auf Kant (1900–1908).
[7]Siehe Pollok (1996).
[8]Siehe Mollweide und Lorenz (2017).

in der Kritik der reinen Vernunft nicht berücksichtigt. Kants Idee in der Philosophie der Mathematik besteht nun in einer einfachen Zuordnung zwischen Gebieten der Mathematik und Formen der Sinnlichkeit. Die Geometrie beschäftigt sich mit dem Raum, genau genommen mit der räumlichen Form unserer Anschauungen, also dem Anschauungsraum. Die Grundlage der Arithmetik ist für Kant die Zeit, genau genommen die zeitliche Form unserer Anschauungen, also der Anschauungszeit. Die Sukzession der Zeitpunkte erlaubt das Zählen, und Zählen soll, wie gesagt, die natürlichen Zahlen, also den Gegenstand der Arithmetik konstituieren.

Ausgehend von diesem Ansatz stellt eine Philosophie von Raum und Zeit auch eine Philosophie der Mathematik dar, und die Philosophie von Raum und Zeit bildet den Kern der transzendentalen Ästhetik. Kant versucht aufzuzeigen, dass Raum und Zeit notwendig und allgemein sind. Die Gegenstände, die uns die Sinne geben, sind ausgedehnt, und sie können dies nur sein, wenn unsere Anschauung räumliche Form hat. Der Raum ist also eine Bedingung der Möglichkeit sinnlicher Erfahrung und in in diesem Sinne notwendig. Des Weiteren kommt die räumliche Form jeder Anschauung von Gegenständen zu und ist daher allgemein. Erfahrung können wir nur in einer zeitlichen Abfolge von Anschauungen machen. Auch die Zeit ist damit eine Bedingung der Möglichkeit der Erfahrung und notwendig. Zuletzt ist jede Anschauung zeitlich eingeordnet und die Zeit damit allgemein. Nun argumentiert Kant folgendermaßen: Was uns empirisch durch die Sinne gegeben ist, kann nicht notwendig und allgemein sein. Zeit und Raum sind aber notwendig und allgemein. Also sind uns Zeit und Raum a priori, unabhängig von sinnlicher Erfahrung und als notwendige Voraussetzung dieser, gegeben. Raum und Zeit liegen vor aller Erfahrung im sinnlichen Vermögen unser Vernunft und ordnen jedwedes empirische Material. Urteile über Gegenstände, die uns a priori gegeben sind, sind apriorische Urteile, sie bedürfen keiner Rechtfertigung durch Erfahrung. Wahre Urteile über Raum und Zeit, im Sinne Kants, sind damit a priori wahr, ihre Rechtfertigung liegt in der apriorischen Form unserer Anschauungen. Da sich die Mathematik nach Kant mit dem Anschauungsraum und der Anschauungszeit beschäftigt, sind die Urteile der Mathematik a priori und nicht empirisch. Kant versucht zusätzlich noch aufzuzeigen, dass Urteile über Raum und Zeit und damit auch die Urteile der Mathematik nicht analytisch, sondern synthetisch sind. Eine Analyse der Begriffe Raum und Zeit klärt uns nicht über die Eigenschaften von Raum und Zeit, also die Formen, unser Anschauung auf. Raum und Zeit sind schließlich nicht rein begrifflich, sondern anschaulich. Urteile über Raum und Zeit können damit nicht durch eine Begriffsanalyse allein begründet werden, sie sind nicht analytisch. Solche Urteile teilen uns etwas über die Welt, genau genommen über die Formen, in denen uns die Welt notwendigerweise erscheint, mit. Als Ganzes glaubt Kant gezeigt zu haben, dass die Urteile über Raum und Zeit und damit die Urteile der Mathematik synthetisch und a priori gerechtfertigt sind. Ihre Quelle sind die Formen unserer Sinnlichkeit, die unsere Erfahrungen strukturieren.

Die Auslegung der transzendentalen Ästhetik, die wie hier anbieten, ist gewiss unvollständig und etwas vereinfachend. Wir wären in der Lage, diese genauer auszuführen und exegetisch zu begründen, glauben aber nicht, dass dies hier nötig und angebracht ist. Da der Stil von Kants Ausführungen zuweilen etwas kryptisch ist, sind Kant-Auslegungen notorisch umstritten. Einstein sagte hierzu einmal, dass jeder seinen eigenen Kant hat.[9] Wir sind trotzdem sicher, dass wir die Essenz von Kants Philosophie der Mathematik hier richtig umreißen.

5.3   Kritische Einschätzung

In der zeitgenössischen Philosophie wird die Trennschärfe sowohl der Unterscheidung von analytischen und synthetischen Aussagen als auch der Unterscheidung von a priorischer und empirischer Wahrheit bzw. Rechtfertigung gerne angezweifelt.[10] Wir sind nicht in der Lage, dies nachzuvollziehen, da sich diese Unterscheidungen verständlich und klar explizieren lassen. Wie Kant, sind wir der Auffassung, dass es synthetische Aussagen gibt, die a priori wahr sind und keiner Rechtfertigung durch Sinneserfahrung bedürfen. Wir stimmen Kant auch dahingehend zu, dass es eine zentrale Aufgabe der Philosophie ist, festzustellen, welche Aussagen dies sind. Wir bezweifeln jedoch, dass es synthetische Aussagen der Naturwissenschaften gibt, die a priori gerechtfertigt sind. Eine Aussage der Naturwissenschaften bezieht sich auf die Natur und diese ist uns offenbar nur empirisch, durch den Rückgriff auf Sinneserfahrungen, zugänglich. In dieser Hinsicht ist unsere erkenntnistheoretische Haltung klar empiristisch. Für die Einschätzung Kants Philosophie der Mathematik ist dies aber nicht von Bedeutung. Die interessante Frage ist, ob bzw. welche Aussagen der Mathematik nicht analytisch sind und wie sich diese Aussagen a priori rechtfertigen lassen. Der Logizismus, den wir im Kap. 7 besprechen, versucht die gesamte Mathematik auf logisch-analytische Aussagen zu reduzieren. Wir werden sehen, dass sich ein Teil der Arithmetik möglicherweise tatsächlich rein analytisch rekonstruieren lässt. In Bezug auf die gesamte Mathematik scheiterte der Logizismus allerdings; es gibt mathematische Aussagen, die gewiss nicht analytisch sind. Wenn wir davon ausgehen, dass sich Aussagen der Mathematik nicht durch Sinneserfahrung rechtfertigen lassen, gibt es also Aussagen der Mathematik, die synthetisch und a priori sind. Unserer Auffassung nach machen diese Aussagen sogar den Großteil der Mathematik aus, wir gehen hierauf im nächsten Kapitel näher ein. Wir pflichten dem Credo von Kants Philosophie der Mathematik, dass die Aussagen der Mathematik synthetisch und a priori sind, weitgehend bei. Trotzdem müssen wir mit Bedauern feststellen, dass Kants Ontologie und Erkenntnistheorie der Mathematik verfehlt sind. Die Mathematik beschäftigt sich nicht mit den Formen unserer Anschauung und diese Formen begründen keine mathematischen Aussagen oder Theorien. Dies ist recht leicht zu sehen. Die Mathematik untersucht eine Vielzahl von Räumen mit unterschiedlicher Dimension, Geometrie und Struktur.[11] Welcher dieser Räume die räumliche Form unserer Anschauung trefflich beschreibt, ist keine mathematische Fragestellung. Die Mathematik beschäftigt sich de facto mit dieser Fragestellung nicht und hat auch keine Methoden, eine Antwort auf diese Frage zu geben. Es könnte

---

[9]Siehe Rosenthal-Schneider (1988).
[10]Siehe hierzu Kap. 12.
[11]Siehe hierzu zum Beispiel die in Neunhäuserer (2017) definierten Begriffe.

die Aufgabe einer Wahrnehmungspsychologie sein, festzustellen, welches mathematische Modell die räumliche Form unserer Anschauung am besten beschreibt. Selbst wenn eine Theorie der Wahrnehmung einen bestimmten mathematischen Raum als räumliche Form unserer Anschauung identifizieren kann, ist dies für die Mathematik unerheblich. Ein solcher Befund rechtfertigt keine mathematische Theorie. Er ist noch nicht einmal ein guter Grund, die Untersuchung eines bestimmten mathematischen Raumes der Untersuchung anderer Räume vorzuziehen. Mit der zeitlichen Form unserer Anschauung verhält es sich genauso. Die Mathematik stellt viele mögliche Modelle zu Verfügung, die dazu dienen können, die zeitliche Form oder Gestalt unserer Anschauungen zu beschreiben. Die Arithmetik der zeitlichen Form unserer Anschauung könnte kontinuierlich oder diskret sein, sie könnte unbeschränkt oder zyklisch sein. Eine Wahrnehmungspsychologie könnte viele mathematische Modelle der zeitlichen Form unserer Anschauung berücksichtigen. Wie eine gute Beschreibung dieser Form aussieht, ist kein Thema der Mathematik und Ergebnisse in dieser Hinsicht sind für die mathematische Forschung unerheblich und können nicht zur Begründung mathematischer Aussagen herangezogen werden. Als Ganzes ist die raum-zeitliche Form unserer Anschauung genauso wenig Gegenstand der Mathematik wie die physikalische Raum-Zeit. Erstere ist Gegenstand der Psychologie, zweitere ist Gegenstand der Physik. Die Ergebnisse der Psychologie und der Physik sind als Rechtfertigung mathematischer Theorien ungeeignet.

Vielleicht ist Kants Philosophie der Mathematik aus einer historischen Perspektive verständlicher. Zu seiner Zeit waren nicht-euklidische Geometrien, topologische Räume, hoch- und unendlich dimensionale Vektorräume usw. noch nicht bekannt. Auch die zyklische Arithmetik oder modulare Arithmetik und die Theorie der reellen Zahlen, also die kontinuierliche Arithmetik, waren noch in den Kinderschuhen. Einige einfache Überlegungen zeigen aber auch schon auf, dass die Gestalt von Raum und Zeit, als Formen unserer Anschauung, nicht notwendig und allgemein und damit nicht a priori gegeben sind.

Reduzieren wir die Sinnlichkeit auf Geschmack und Geruch, so ist die Form von Vorstellungen, die durch diese Sinne gegeben sind, wohl in keiner Weise räumlich. Trotzdem sind Erfahrungen allein durch diese Sinne möglich, und es können sogar Gegenstände als Geschmacks- und Geruchsentitäten in einer zeitlichen Sukzession identifiziert und wiedererkannt werden. Räumlichkeit ist keine notwendige Bedingung sinnlicher Erfahrung. Die Form der Anschauungen, die das Sehen gibt, ist räumlich. Diese Aussage ist analytisch, da der Begriff des Sehens irgendeine Art der Räumlichkeit impliziert. Die nähere Bestimmung der Art, Struktur oder Gestalt dieser Räumlichkeit ist aber nicht a priori möglich; keine bestimmte Geometrie ist notwendige Bedingung des Sehens. Hierzu zwei einfache Beispiele, die auch Kant zugänglich gewesen wären: Die räumliche Form unserer Anschauungen ist dreidimensional. Auch Kant war schon eine zweidimensionale Geometrie bekannt, nämlich die Geometrie der euklidischen Ebene. Die Existenz eines Subjekts, das nur zweidimensional sieht, dessen Anschauungen also eine räumliche Form haben, die sich durch eine euklidische Ebene beschreiben lässt, ist möglich und nicht a priori auszuschließen. Auch Subjekte, die vier- oder höherdimensional sehen, sind denkbar; die entsprechenden Geometrien waren Kant jedoch noch nicht bekannt. Die

Dreidimensionalität der räumlichen Form von Anschauungen ist keine Bedingung der Möglichkeit von Erfahrung, sie ist ein empirischer Tatbestand. Unser zweites Beispiel zeigt auf, dass sich Eigenschaften der räumlichen Form unserer Anschauungen sogar ändern können. In jeder Ebene der euklidischen Geometrie gibt es zu einer Geraden und einem Punkt, der nicht auf der Geraden liegt, genau eine Gerade in der Ebene, die durch den Punkt geht und die Gerade nicht schneidet. Die euklidische Geometrie scheint die räumliche Form unserer Anschauung sehr gut zu beschreiben, in manchen Fällen tut sie dies jedoch nicht. Beschränken wir unsere Anschauung auf ein Zimmer und betrachten den Boden des Zimmers. Zu einer Geraden und einem Punkt auf dem Boden scheint es unendlich viele Geraden zu geben die durch den Punkt gehen und die Gerade nicht schneiden, schließlich enden Geraden in unserer Anschauung an den Wänden des Zimmers, siehe Abb. 5.1. Mathematisch formuliert ist die räumliche Form unserer Anschauung manchmal kompakt und manchmal offen. Betrachten wir die Form unserer Anschauung an einem Ort, an dem wir den Horizont in alle Richtungen sehen können, zum Beispiel auf dem Gipfel eines Berges. Je zwei Geraden in der horizontalen Ebene scheinen einen Schnittpunkt zu haben, wobei der Schnittpunkt mancher Geraden am Horizont zu finden ist.[12] In beiden Fällen scheint die euklidische Geometrie kein sehr gutes Modell der Form unserer Anschauung zu sein. Wie dem auch sei. Die Form unserer Anschauung ist keinesfalls notwendigerweise euklidisch; und wann die euklidische Geometrie ein gutes Modell darstellt, ist eine empirische Frage, die sich nicht unabhängig von Erfahrung beantworten lässt.

Dass unsere Anschauungen irgendeine zeitliche Form haben, mag tatsächlich eine Bedingung der Möglichkeit von Erfahrung im Sinne der Veränderung von Anschauungen sein. Es handelt hier um eine analytische These, die sich aus der Bedeutung des Begriffs Veränderung ableiten lässt. Wichtiger ist jedoch, dass uns die Gestalt oder Struktur der Zeit nicht a priori gegeben ist. Eine Folge von Zeitpunkten als zeitliche Form unserer Anschauung ist keineswegs alternativlos; eine kontinuierliche zeitliche Form unserer Anschauung ist genauso erfahrbar. Wir gehen davon aus, dass es eine psychologische Frage ist, unter welchen Bedingungen ein diskretes und unter welchen Bedingungen ein kontinuierliches Modell der Anschauungszeit geeigneter ist. Unterliegt das Subjekt einer äußeren Taktung, mag ein diskretes Modell angebracht sein. Liegen wir jedoch im Urlaub auf einem Liegestuhl und schauen auf das Meer, ist gewiss ein kontinuierliches Modell besser geeignet. Kant ist dies wahrscheinlich nicht aufgefallen, da seine Lebensführung sehr diszipliniert war. Auch eine zyklische Gestalt der zeitlichen Form unserer Anschauungen wird erfahrbar, wenn unsere Anschauungen durch zyklische natürliche Phänomen wie Tag und Nacht oder die Jahreszeiten bestimmt sind.

---

[12]Euklid scheint sich dieses Problems seiner Geometrie bewusst zu sein und spricht davon, dass sich Parallelen in einem unendlich fernen Punkt schneiden, siehe Mollweide und Lorenz (2017). Aus heutiger Sicht gibt es zwischen zwei Geraden einen Schnittpunkt oder es gibt keinen, und die euklidische Geometrie ist diejenige, in der es eindeutig bestimmte Parallelen gibt, die sich nicht schneiden.

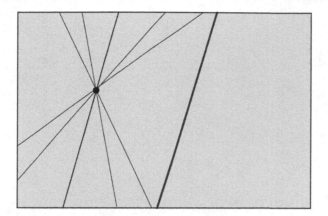

Abb. 5.1 Geometrische Form einer beschränkten Anschauung

Einfache Überlegungen zeigen also, dass Raum und Zeit als Formen unsere Anschauung nicht unveränderlich und nicht a priori gegeben sind. Wenn wir an einer rationalistischen Erkenntnistheorie der Mathematik festhalten, sind Anschauungsraum und Anschauungszeit nicht Gegenstand der Mathematik. Wir sehen Kant als Philosoph der Mathematik scheitern. Man kann nicht gleichzeitig behaupten, dass die Aussagen der Mathematik synthetisch a priori sind, und sich auf die Formen unserer Anschauung beziehen.

Mathematik im deutschen Idealismus

6

Inhaltsverzeichnis

6.1 Einführung

Der deutsche Idealismus ist eine philosophische Bewegung, die sich um die Wende des 18. zum 19. Jahrhunderts entwickelt. Als Hauptvertreter des deutschen Idealismus gelten Johann Gottlieb Fichte (1762–1814), Georg Wilhelm Friedrich Hegel (1770–1831) und Friedrich Wilhelm Joseph Schelling (1775–1854). Manche Autoren zählen auch Immanuel Kant (1724–1804) zu den deutschen Idealisten, obwohl sich hier eine systematische Abgrenzung anbietet. Das gemeinsame Merkmal der deutschen Idealisten ist die Annahme, dass geistige Entitäten ontologisch fundamental sind. Es gibt weder konkrete physikalische noch abstrakte ideelle Gegenstände, die jenseits des Geistes und unabhängig von diesem existieren. Kant kann als Vorläufer des deutschen Idealismus verstanden werden, wobei er allerdings die Existenz eines *Dings an sich* annimmt, das nicht Teil der geistigen Welt ist. Diese Annahme ist für seine Konzeption der Kausalität unverzichtbar und wird von den Idealisten zurückgewiesen. Auf Kants Philosophie der Mathematik sind wir bereits im letzten Kapitel ausführlich eingegangen.

Fichtes Idealismus geht von einem *absoluten Ich* aus, das sein eigenes Sein in einem Akt schaffenden Tuns selber setzt. Das Ich erzeugt weiterhin das Nicht-Ich, also die Gegenstände der Welt, in sich selbst. Dies ist ein unbewusster, freier und grundloser Vorgang, der durch die unendliche Tatkraft des Ichs motiviert ist, die sich nur mittels eines Gegensatzes verwirklichen kann. Auch die Gegenstände der Mathematik, wie Zahlen und geometrische Figuren wären demgemäß ein Produkt des

© Springer-Verlag GmbH Deutschland, ein Teil von Springer Nature 2021
J. Neunhäuserer, *Einführung in die Philosophie der Mathematik*,
https://doi.org/10.1007/978-3-662-63714-2_6

schaffenden Ichs. Ein ähnlicher Gedanken wird uns in Kap. 8 in der Philosophie der Mathematik von Luitzen Brouwer (1881–1966) wieder begegnen. Fichte hat jedoch keine Philosophie der Mathematik entworfen und scheint sich auch nicht sonderlich für Mathematik oder Naturwissenschaften interessiert zu haben. Im Gegensatz dazu nehmen Schelling und Hegel explizit auf die Mathematik und die Naturwissenschaften ihrer Zeit Bezug.[1] Wir gehen daher in den nächsten beiden Abschnitten dieses Kapitel genauer auf Schelling und Hegel, aber nicht weiter auf Fichte ein.

Der deutsche Idealismus in der Philosophie steht in enger Verbindung zur deutschen Romantik, einer einflussreichen künstlerisch-intellektuellen Bewegung im späten 18. und frühen 19. Jahrhundert. Bekanntermaßen ziehen die Romantiker das Gefühl dem mathematischen Gedanken vor. Die Dichter, Maler und Musiker der Romantik begegnen der Mathematik daher zumeist mit Desinteresse oder sogar Ablehnung.[2] Eine Ausnahme bildet der Schriftsteller und Kulturphilosoph Karl Wilhelm Friedrich Schlegel (1772–1829), dem wir den letzten Abschnitt dieses Kapitels widmen.

6.2   Schelling

Der Philosoph Friedrich Wilhelm Joseph Schelling wurde 1775 in Leonberg in Württemberg geboren und studiert ab 1790 zusammen mit Friedrich Hölderlin und Georg Wilhelm Friedrich Hegel Theologie in Tübingen und später Mathematik und Naturwissenschaften in Leipzig. Von 1798 bis 1803 unterrichtet Schelling neben Fichte und Hegel an der Universität Jena. In diese Zeit fallen seine philosophischen Hauptwerke *Erster Entwurf eines Systems der Naturphilosophie (1798/1799)*, *System des transzendentalen Idealismus (1800)* und *Darstellung meines Systems der Philosophie (1801)*.[3] Im Folgenden wendet sich Schelling immer weiter von den Wissenschaften und der Philosophie, im Sinne einer rationalen Bezugnahme auf die Welt, ab. Er arbeitet als Akademiker in Würzburg, München und Erlangen und tritt 1841 die Nachfolge von Hegel in Berlin an. 1842 und 1845 hält er dort die Vorlesung *Philosophie der Mythologie und der Offenbarung*. Schellings Alterswerke sind durch die Rückkehr zum christlichen Glauben und eine mystisch-religiöse Weltsicht geprägt. Schelling starb 1854 während einer Kur in Bad Ragaz in der Schweiz.

Schellings Idealismus ist in seinem Kern eine Identitätsphilosophie. Er behauptet unter anderem die Identität von Subjekt und Objekt, von Geist und Natur, sowie die Identität von Denken und Sein. Der absoluten Identität von Subjekt und Objet liegt in Schellings Philosophie die Auffassung zugrunde, dass ein Subjekt nicht ohne ein Objekt und ein Objekt nicht ohne ein Subjekt existieren kann. Die Einheit von Subjekt und Objekt besteht nun darin, dass diese sich gegenseitig hervorbringen. Eine Form

---

[1] Wir verweisen auf Störig (2016) für eine Einführung in den deutschen Idealismus und die Philosophie Fichtes.

[2] Siehe hierzu etwa Novalis berühmtes Gedicht „Wenn nicht mehr Zahlen und Figuren".

[3] Wir verweisen hier auf die Gesamtausgabe Schelling (1856–1861).

dieser Einheit zeigt sich im Selbstbewusstsein des menschlichen Subjekts, der die Identität von Subjekt und Objekt als ein Absolutes vorausgeht.

Die Natur ist für Schelling nicht die materielle Realität der Teilchen und deren Wechselwirkungen, er glaubt vielmehr überall in der Natur die unbewusste Tätigkeit des Geistes entdecken zu können. Der Geist wirkt nun nicht als ein Äußeres auf die Natur ein, sondern er ist selbst nichts anderes als das Selbstbewusstwerden der Natur. Auf einer fundamentalen Ebene sollen daher Natur und Geist identisch sein. Schellings Philosophie ist bei den deutschen Romantikern beliebt, da diese Gegensätze überwinden wollen und durch die Suche nach Einheit beseelt sind. Bis heute ist das *Einssein mit der Natur* ein beliebtes romantisches Motiv.

Für Schellings Philosophie der Mathematik ist die Identität von Denken und Sein grundlegend. Er behauptet explizit, dass mathematisches Denken und Sein eins sind. Dabei soll die Einheit von Denken und Sein in der Geometrie von der Seite des Seins und in der Arithmetik von der Seite des Denkens ausgehen. Schelling glaubt hiermit den Unterschied und die Gemeinsamkeit dieser mathematischen Disziplinen erklärt zu haben.[4] Die so gewonnene Unterscheidung zwischen Arithmetik und Geometrie ist schwer nachzuvollziehen und wird heute wohl kaum noch überzeugen.

Im Folgenden wollen wir aufzeigen, dass Schellings ontologische Identifikation des mathematischen Seins mit dem mathematischen Denken erhebliche Probleme mit sich bringt. Zunächst lässt sich nicht jeder mathematische Gedanke mit einem mathematischen Sachverhalt, bzw. einer mathematischen Tatsache identifizieren. Mathematiker irren sich, sie halten zuweilen Aussagen für wahr, ja sogar für bewiesen, die falsch sind und damit keinen Teil des mathematischen Seins beschreiben. Um Schelling an dieser Stelle entgegenzukommen, könnten wir unterstellen, dass er die Identität von mathematischer Erkenntnis und mathematischem Sein behaupten möchte. Um diese Behauptung zu verstehen, bräuchten wir eine Erkenntnistheorie der Mathematik, die angibt, was mathematische Erkenntnisse, also den Inhalt wahrer mathematischer Aussagen, auszeichnet. Leider können wir in Schellings Werk keine Erkenntnistheorie der Mathematik entdecken. Die absolute Identität von erkennendem Subjekt und erkanntem Objekt, die Schelling behauptet, steht dabei jeder Theorie der Erkenntnis entgegen. Sie hat insbesondere die bizarre Konsequenz, dass mit dem Verschwinden aller erkennenden Subjekte auch alle Objekte der Erkenntnis verschwinden, sich die Welt also in nichts auflöst. Auch wenn wir von Schellings bizarrer Metaphysik absehen, ist die Identität von mathematischer Erkenntnis und mathematischen Seins nur um einen hohen Preis mit einer Erkenntnistheorie der Mathematik vereinbar. Eine Erkenntnistheorie der Mathematik kann nicht ignorieren, dass wir durch mathematische Forschung mathematische Erkenntnisse hinzugewinnen. Wenn mathematische Erkenntnis und mathematisches Sein eins sind, folgt, dass mathematische Forschung ontologische Folgen hat und mathematische Gegenstände resp. Sachverhalte nicht entdeckt, sondern in die Welt setzt. Diese Konsequenz ist im Sinne der Philosophie Fichtes, auf die wir kurz in der Einführung eingegangen sind. Die erkenntnistheoretischen Probleme dieser Haltung in der Philosophie der Mathe-

---

[4]Siehe Werke I.4, S. 347 in Schelling (1856–1861).

matik werden uns noch in Kap. 8 zum Intuitionismus und auch in Abschn. 13.3 zum
Fiktionalismus beschäftigen. An dieser Stelle möchten wir nur darauf hinweisen,
dass wissenschaftliche Forschung, im üblich Sinne des Begriffs, die Gegenstände,
die sie untersucht, nicht selber hervorbringt.

6.3   Hegel

Georg Wilhelm Friedrich Hegel wurde 1770 in Stuttgart geboren und studiert zusammen mit Schelling und Hölderlin in Tübingen. Von 1801 bis 1807 unterrichtet er an
der Universität Jena und verfasste dort mit der *Phänomenologie des Geistes (1807)*
seine erste bedeutende philosophische Arbeit. Als Rektor eines Gymnasiums in
Nürnberg vollendet er mit der *Wissenschaft der Logik (1812/1813/1816)* in drei
Büchern sein zweites großes Werk. 1818 erhält Hegel den Ruf auf eine Professur
in Berlin. Er beschäftigt sich dort unter anderem mit den *Grundlinien der Philosophie des Rechts (1820)* und avanciert zum Preußischen Staatsphilosophen. Weit
über Hegels Tod 1831 in Berlin hinaus dominiert die Hegelsche Schule die deutsche
Philosophie. Unter anderem nimmt Hegels Philosophie auf den Marxismus einen
entscheidenden Einfluss.

Hegels Werk ist komplex, wortgewaltig und gilt manchen als weitgehend unverständlich.[5] Hegels Idealismus ist durch die Grundannahme geprägt, dass der gesamte
Weltprozess die Selbstentfaltung des Geistes ist und der Philosoph diese Selbstentfaltung studiert. Erst ist der Weltgeist im Zustand des *An-sich-Seins*, danach entäußert
er sich in Form der raum-zeitlichen Natur und gerät in den Zustand des *Andersseins*.
Im dritten und letzten Stadium kehrt der Geist zu sich selbst zurück und kommt in
den Zustand des *An-und-für-sich-Sein*. Die philosophische Disziplin, die den ersten
Zustand studiert, ist nach Hegel die Logik, die Philosophie der Natur studiert den
zweiten Zustand der Entfaltung des Geistes und die Philosophie des Geistes hat den
zu sich selbst zurückgekehrten Geist zum Gegenstand.

Für Hegels Philosophie der Mathematik ist seine Logik, also das *An-sich-Sein* des
Geistes ausschlaggebend. Die Mathematik ist für Hegel eine reine Verstandeswissen-
schaft, die nicht auf Beobachtungen der Natur angewiesen ist. In der Arithmetik und
selbst in der Geometrie sind für Hegel Folgerungen aus Voraussetzungen und nicht
Formen unserer Anschauung grundlegend.[6] Er grenzt sich hiermit klar von Kants
Philosophie der Mathematik, die wir im letzten Kapitel vorgestellt haben, ab. Eine
konzeptionell philosophische Fundierung der Mathematik scheint Hegel insbesondere in Bezug auf die höhere Mathematik notwendig. Hier ist die Differential- und
Integralrechnung gemeint, die zu Hegels Zeiten noch in der Entwicklung begriffen
war und mit unendlich großen und unendlich kleinen Größen operierte.

---

[5]Wir verweisen hier auf die Gesamtausgabe Hegel (1970). Der deutsche Philosoph Arthur Scho-
penhauer (1788–1860) meinte zu Hegels Werk: „Jedoch die größte Frechheit im Auftischen baren
Unsinns, im Zusammenschmieren sinnleerer, rasender Wortgeflechte, wie man sie bis dahin nur in
Tollhäusern vernommen hatte, trat endlich im Hegel auf....".
[6]Siehe IX, S. 46–47 in Hegel (1970).

Hegel glaubt der Mathematik mit seiner Logik eine erkenntnistheoretische Fundierung geben zu können. Man mag nun versucht sein, Hegel als Vorläufer der logizistischen Philosophie der Mathematik, auf die wir im nächsten Kapitel eingehen, zu lesen und zu würdigen. Betrachtet man Hegels dialektische Logik etwas genauer, wird diese Lesart leider hinfällig. Hegel geht davon aus, dass eine These genauso wie ihre Antithese wahr sein können und sich dieser Widerspruch in einer Synthese aufhebt, mit der sowohl die These als auch die Antithese uneingeschränkte Gültigkeit besitzen. Hegel lehnt den Satz des ausgeschlossenen Widerspruchs, der besagt, dass eine Aussage und ihre Negation nicht zugleich zutreffen können, in seiner Logik ausdrücklich ab. Die meisten Wissenschaftstheoretiker und fast alle Wissenschaftler sind der Auffassung, dass eine Logik, die den Satz des ausgeschlossenen Widerspruchs bestreitet, nicht als Grundlage einer Wissenschaft geeignet ist.[7] Wir schließen uns dieser Auffassung nachdrücklich an. Theorien, die Widersprüche enthalten, schaffen kein Wissen sondern Verwirrung. Es ist ein grundlegendes wissenschaftliches Prinzip, dass solche Theorien revidiert und durch widerspruchsfreie Theorien ersetzt werden müssen. Wer den Satz des ausgeschlossenen Widerspruch bestreitet, verabschiedet sich aus Wissenschaft und Philosophie, im Sinne einer vernunftgemäßen Bezugnahme auf die Welt, und kann nur noch in den schönen Künsten, der Religion oder der Politik reüssieren. Für die Mathematik ist der Satz des ausgeschlossenen Widerspruchs dabei von besonderer Bedeutung. Eine Aussagenlogik oder Prädikatenlogik, die Mathematiker spätestens seit Euklid und bis heute implizit oder explizit in ihren Beweisen verwenden, ist ohne ihn nicht denkbar.[8] Zur Erkenntnistheorie der Mathematik leistet Hegel also keinen relevanten Beitrag. Trotzdem wollen wir noch die Ontologie der Mathematik in seiner *Lehre vom Sein* aus der *Wissenschaft der Logik* besprechen.

Der grundlegende Gegenstand der Mathematik ist bei Hegel eine nicht-quantitative Einheit, die er *das Eins* nennt. Dies ist ein abstrakter Gegenstand, der nur durch die Identität mit sich selbst ausgezeichnet ist. Aus so beschaffenen Einheiten ergibt sich durch die abstrakten Relationen der Repulsion und Attraktion die Vielheit. Zahlen sind nun durch die Anzahl der Einheiten in einer Vielheit, die selber wieder eine Einheit bildet, bestimmt. Wir fühlen uns hier an eine moderne Mengenlehre erinnert, in der die Existenz einer leeren Mengen als grundlegender Gegenstand fordert und aus ihr die natürlichen Zahlen konstruiert.[9] Es ist damit nahe liegend, Hegel eine platonische Ontologie der Mathematik, oder zumindest der Arithmetik, zuzuschreiben. Grundlegende Gegenstände der Mathematik sind abstrakte Entitäten, die unabhängig von physikalischen und mentalen Vorgängen existieren. Diese Interpretation steht oder fällt damit, ob für Hegel das Sein bzw. das *An-sich-Sein* des Weltgeistes, unabhängig von der Entwicklung zum *Andersein* und *An-und-für-sich-Sein*, existiert. Ist das Sein der mathematischen Gegenstände für Hegel unabhängig vom Werden? Hegels Position in Bezug auf diese Frage erscheint uns unklar. Vermutlich

---

[7]Ein prominenter Kritiker der dialektischen Logik ist Popper (1940).
[8]Wir geben in 7.3 eine Einführung in die Logik.
[9]Wir orientieren uns hier an der modernen Hegel-Lesart von Pinkard (1981).

verhindert seine dialektische Logik eine eindeutige Stellungnahme. Der These *Die Gegenstände der Mathematik sind unveränderlich und zeitlos* steht die Antithese *Die Gegenstände der Mathematik sind veränderlich und zeitlich* gegenüber. Hegel versucht, wie gesagt, solche Widersprüche durch einer Synthese aufzuheben, was logisch freilich nicht möglich ist.

In seiner *Lehre vom Sein* beschäftigt sich Hegel ausgiebig mit dem Begriff der Unendlichkeit. Er stellt zu recht fest, dass es sich hier um ein qualitatives und nicht um ein quantitatives Konzept handelt. Die Mathematik beschäftigt sich demnach nicht nur mit quantitativen sondern auch mit qualitativen Eigenschaften ihrer Gegenstände. Aus heutiger Sicht mag Hegels Feststellung trivial erscheinen. Ob eine Menge endlich, abzählbar unendlich oder überabzählbar unendlich ist, ist eine qualitative Eigenschaft der Menge. Hegels Einsicht ist an dieser Stelle trotzdem bemerkenswert, die Präzisierung des Konzepts der Unendlichkeit gelang Georg Cantor (1845–1918) ja erst gegen Ende des 19. Jahrhunderts. Obwohl die Schulmathematik zuweilen einen anderen Eindruck vermittelt, beschäftigt sich die moderne Mathematik tatsächlich überwiegend mit Qualitäten, etwa mit den algebraischen Eigenschaften von Mengen mit Verknüpfungen, der Vollständigkeit oder Kompaktheit von Räumen oder den strukturellen Eigenschaften von Operatoren, usw. In dieser Hinsicht war Hegel auf der richtigen Spur. Es ist nun kurios festzustellen, dass die marxistische Philosophie der Mathematik sich auf Hegel beruft und ihm eine materialistische Ontologie der Mathematik unterstellt, gerade weil er qualitative Aspekte der Mathematik berücksichtigt.[10] Eine solche Argumentation geht von der Annahme aus, dass qualitative Eigenschaften eher materiellen als abstrakten oder mentalen Entitäten zukommen, was jedoch nicht der Fall zu sein scheint. Die Hegel-Interpretation der Marxisten ist wohl durch ihre materialistische Ideologie bestimmt und unhaltbar. Wir könnten uns allerdings vorstellen, dass Hegel dem Satz: *Die Gegenstände der Mathematik sind in ihrem An-sich-Sein abstrakt und in ihrem Anderssein materiell* zugestimmt hätte. Dieser Satz mag gut klingen, er erteilt uns aber keine Auskunft darüber, was für eine Art von Gegenständen die Mathematik untersucht.

6.4   Schlegel

Karl Wilhelm Friedrich Schlegel wurde 1772 in Hannover geboren. Er studiert in Götting, Leipzig und ab 1795 in Jena, wo er sich 1800 habilitiert und Vorlesungen über Transzendentalphilosophie hält, die auch Hegel besucht haben soll. In seiner Zeit in Jena begründet Friedrich Schlegel gemeinsam mit seinem Bruder August Wilhelm Schlegel (1767–1845), Novalis (1772–1801), Ludwig Tieck (1773–1853) und anderen die deutsche Romantik in der Literatur. In dieser Zeit entsteht mit *Lucinde (1799)* sein einziger Roman. Nach dem Zerfall des Jenaer Romantikerkreises lebt Schlegel von 1802 bis 1804 in Paris und nach seiner Heirat von 1804 bis 1808 in

---

[10]Kolman und Yanovskaya (1931) ist der seltsamste Text zur Philosophie der Mathematik, den wir gelesen haben.

Köln. In dieser Zeit beschäftigt er sich intensiv mit Indologie und wird mit dem Werk *Über die Sprache und Weisheit der Inder (1808)* zu einem Pioneer der vergleichenden Linguistik. 1809 wird Schlegel Sekretär der Hof- und Staatskanzlei in Wien und avanciert als Herausgeber *Concordia* zu einer zentralen Figur der katholisch geprägten Wiener Spätromantik. Schlegels Alterswerk beschäftigt sich mit der *Philosophie des Lebens (1828)*, der *Philosophie der Geschichte (1829)* und ist mythisch-religiös geprägt. Schlegel stirbt 1829 an einem schweren Schlaganfall auf einer Reise nach Dresden, wo er eine Vorlesung über seine *Philosophie der Sprache (1829)* halten wollte.

Schlegel hat keine systematische Philosophie wie Fichte, Schelling und Hegel hinterlassen, seine philosophischen Überlegungen finden sich verstreut in Aufsätzen, Vorlesungen und Fragmenten.[11] Ein Grundanliegen durchzieht dabei sein ganzes Werk. Schlegel möchte Wissenschaft und Kunst durch einen interdisziplinären Ansatz zusammenführen und zu einem übergeordneten Ganzen vereinigen. Diese Suche nach Einheit und der Versuch Gegensätze und Widersprüche aufzulösen, ist ein charakteristisches Motiv der deutschen Romantik. Die philosophische Fundierung dieses Anliegens findet sich in der idealistischen Philosophie.

Die Kunst aller Künste, also die allgemeinste Kunst ist für Schlegel die Poesie, die sich nicht nur in der Literatur, sondern auch in der Musik zeigt. Schlegels Poetik greift nun auf die Mathematik zurück. Die poetische Einheit als Identität des Differenten, wird durch mathematische Gleichungen oder Funktionen repräsentiert. Das poetische Ideal soll durch eine unendliche Annäherung, also eine Art Grenzwert bestimmt sein.[12] Mathematische Formeln, also Aussagen der Mathematik, haben für Schlegel damit poetischen Charakter, sie werden zu einem Bestandteil der Kunst. Schlegel übersieht hier geflissentlich, dass die Wissenschaften und speziell die Mathematik nicht wie Kunst und Poesie frei sind. Poetische Sätze bedürfen keiner erkenntnistheoretisch fundierten Rechtfertigung, ein Großteil der Mathematik besteht aber aus dem Ringen um den Beweis von Sätzen. In ähnlicher Weise bestehen ein Großteil der empirischen Wissenschaften aus dem Sammeln von Daten, mit dem Ziel Hypothesen zu belegen. Wir erwarten nun einmal von mathematischen oder allgemeiner wissenschaftlichen Sätzen, dass sie Tatsachen zur Sprache bringen, von poetischen Sätzen erwarten wir dies nicht. Wie soll also die Einheit von Wissenschaft und Kunst beschaffen sein? Schlegel gibt uns auf diese Frage eine Antwort. Die Wissenschaft, die alle Künste und Wissenschaften in eine verbindet und damit die Vereinigung von Wissenschaft und Kunst darstellt, ist die Magie. Da für Schlegel nun die Prinzipien der Mathematik magisch sind, geht er soweit Mathematik und Magie zu identifizieren. Es ist verstörend, aber der Satz *Mathematik=Magie* findet sich in Schlegels Werk.[13] Es fällt schwer, diese Position in der Philosophie der Mathematik ernst zunehmen. Der Autor dieses Buches wüsste nicht, dass er jemals magische Praktiken als Mathematiker angewendet hätte und ihm sind auch keine Kollegen

---

[11] Wir verweisen hier auf die Gesamtausgabe Schlegel (1958 ff.).
[12] Siehe Schlegel (1958 ff.) 16, S. 148.
[13] Siehe Schlegel (1958 ff.) 19, S. 10.

bekannt die Magie praktizieren. Trotzdem möchten wir hier noch einigen Aspekten der Mathematik nachgehen, die magisch erscheinen mögen. Gelingt ein Beweis eines mathematischen Satzes in einer unerwarteten Art und Weise oder taucht ein überraschender Zusammenhang zwischen Teilgebieten der Mathematik auf, kann dies wie ein Wunder oder eben wie Magie erscheinen. Dieses Phänomen ist eher von psychologischer als von philosophischer Relevanz und einfach zu erklären. Wir überschauen das Netz der logischen Implikationen unserer mathematischen Axiome, Definitionen und Sätze nur sehr rudimentär. Daher sind wir in der mathematischen Forschung immer wieder überrascht. Wenn sich ein logischer Zusammenhang oder ein origineller Beweis mit der Zeit etabliert, relativiert sich der Eindruck, es mit Magie zu tun zu haben und verschwindet zumeist. Ein anderer bemerkenswerter Aspekt der Mathematik ist von größerer philosophischer Relevanz. Wir scheinen in der Lage zu sein, gewisse grundlegende mathematische Sachverhalte unmittelbar, ohne eine logische Begründung zu benötigen, einzusehen. Dieses Phänomen ist als mathematische Intuition bekannt. Wir werden im nächsten Kapitel sehen, dass sich die Mathematik in ihrer Gesamtheit nicht auf Logik reduzieren lässt. Die mathematische Intuition scheint damit in den Grundlagen der Mathematik unverzichtbar zu sein. Dieser Aspekt der Mathematik fügt sich kaum in ein rein naturalistisches oder physikalistisches Weltbild ein und wird Vertreter eines solchen Weltbildes verwundern und herausfordern. Wir werden auf dieses Thema noch in Kap. 12 zu sprechen kommen. Wir glauben allerdings nicht, dass die mathematische Intuition ein Wunder ist und etwas mit Magie zu tun hat, und schlagen stattdessen vor, diese als einen essentiellen und irreduzibelen Teil unserer Rationalität zu begreifen. Das Geheimnis der mathematischen Intuition bleibt ein Phänomen, auf das sich Schlegel hätte berufen können, er hat dies unserer Kenntnis nach jedoch nicht getan.

Logizismus 7

Inhaltsverzeichnis

7.1 Die logizistische Position

Die logizistische Position in der Philosophie der Mathematik geht, kurz gesagt, davon aus, dass sich die Mathematik auf eine hinreichend umfangreiche formale Logik zurückführen lässt und die Mathematik daher einen Teil der Logik darstellt. Die Grundannahmen des Logizismus können wie folgt formuliert werden:

1. Die Begriffe der Mathematik können mittels der Begriffe einer geeigneten formalen Logik definiert werden.
2. Die Sätze der Mathematik folgen aus rein logisch evidenten Prämissen mittels logischer Deduktion.

Die erste Annahme der logizistischen Philosophie der Mathematik besagt anders ausgedrückt, dass das Vokabular der Mathematik eine Teilmenge des Vokabulars der Logik ist, und die zweite Annahme besagt in diesem Sinne, dass die Menge der mathematischen Theoreme eine Teilmenge der Menge der Theoreme der Logik darstellt. Ein Logizismus wird häufig nicht in Bezug auf die gesamte Mathematik, sondern nur in Bezug auf ein Teilgebiet der Mathematik vertreten. Der Logizismus in Bezug auf ein Teilgebiet der Mathematik behauptet, dass sich die Begriffe dieses Teilgebiets auf Begriffe der Logik zurückführen lassen und sich die Sätze des Teilgebiets aus logisch evidenten Prämissen, den Axiomen der Logik, herleiten lassen.

© Springer-Verlag GmbH Deutschland, ein Teil von Springer Nature 2021
J. Neunhäuserer, *Einführung in die Philosophie der Mathematik*,
https://doi.org/10.1007/978-3-662-63714-2_7

Wir werden weiter unten sehen, dass insbesondere der Logizismus in Bezug auf die Arithmetik in der Philosophie der Mathematik eine maßgebende Rolle spielt. Dass in der Mathematik Sätze aus Axiomen mittels logischer Deduktion bewiesen werden, wird nur selten bestritten. Ein mathematischer Beweis ist nichts anderes als eine Herleitung eines Satzes mit den Mitteln der Logik aus explizit gegebenen Voraussetzungen. Die Behauptung des Logizismus ist aber erheblich stärker. Die Axiome einer mathematischen Theorie selbst sollen aus geeigneten Definitionen und Tautologien, d. h. rein logisch evidenten Prämissen, ableitbar sein.

Auf den ersten Blick sind die grundlegenden Gegenstände der Mathematik, wie Zahlen, Mengen, Relationen und Funktionen, nicht Gegenstand der Logik und mathematische Begriffe werden nicht in der Begrifflichkeit der Logik definiert. Genauso wenig ist es offensichtlich, dass es sich bei den Axiomen mathematischer Theorien um Sätze handelt, die aus logischen Gründen evident sind, bzw. sich aus Tautologien herleiten lassen. Ein Logizist in Bezug auf ein Teilgebiet der Mathematik muss sich also der Aufgabe stellen, eine Reduktion der mathematischen Theorie auf Logik vorzunehmen. Dies bedeutet überbrückende Definitionen anzugeben, die das Vokabular der zu reduzierenden mathematischen Theorie in das Vokabular der logischen Theorie übersetzen, und im nächsten Schritt zu zeigen, dass die Axiome der mathematischen Theorie aus den Axiomen der verwendeten Logik folgen.

Eine geglückte Reduktion eines Gebiets der Mathematik auf Logik stellt einen großen erkenntnistheoretischen Fortschritt dar. Die wahren Aussagen der Logik sind, um in Kants Terminologie zu sprechen, analytisch und a priori wahr, siehe hierzu auch Kap. 5. Solche Aussagen sind allein aufgrund der Bedeutung der verwendeten linguistischen Ausdrücke und unabhängig von jedweder Erfahrung wahr. Der Grad an Gewissheit und Vertrauenswürdigkeit von Aussagen, die tatsächlich analytisch und a priori wahr sind, ist kaum zu überbieten. Nach einer geglückten Reduktion eines Teilgebietes der Mathematik auf Logik käme den Aussagen dieses Teilgebietes der Mathematik der gleiche Grad an Gewissheit und Vertrauenswürdigkeit zu, da sich diese Aussagen als analytisch a priori erwiesen. Wie wir in Abschn. 7.2 sehen werden, war es eine starke Motivation für die Mathematiker und Philosophen, die das logizistische Projekt der Reduktion der Mathematik auf Logik verfolgten, Gewissheit in den Grundlagen der Mathematik zu erlangen. Auf der anderen Seite vermitteln analytisch wahre Aussagen kein Wissen über die Welt jenseits der logischen Beziehungen der verwendeten Begriffe. Sollte der Logizismus in der Philosophie der Mathematik wahr sein, würden wir durch mathematische Sätze nichts lernen, das über unsere mathematische Begrifflichkeit und deren logische Zusammenhänge hinausgeht. Manch ein forschender Mathematiker mag das Gefühl haben, dass er mit dem Beweis eines neuen mathematischen Theorems eine Entdeckung über eine Welt macht, die über die logischen Beziehungen der mathematischen Begriffe hinausgeht. Sollte der Logizismus wahr sein, würde sich dieses Gefühl als unbegründet erweisen. Wir werden in diesem Kapitel allerdings aufzeigen, dass schon die Reduktion der Arithmetik auf Logik äußerst problematisch ist, wir scheinen bestimmte Prämissen zu benötigen, die entweder keine Tautologien sind oder deren Wahrheit fragwürdig ist. Eine Reduktion der gesamten Mathematik auf Logik erscheint heute ausgeschlossen.

7.2   Historische Entwicklung

Der deutsche Philosoph und Mathematiker Gottfried Wilhelm Leibniz (1646–1716) war vermutlich der Erste, der die Ideen und Prinzipien der Logik als Grundlage jedweder Wissenschaft ansah. Leibniz formulierte eine symbolische Logik und stellte mit dieser die traditionelle Begriffslogik des Aristoteles dar.[1] Der Logizismus in der Philosophie der Mathematik geht im Wesentlichen auf den deutschen Mathematiker Richard Dedekind (1831–1916) zurück. Dedekinds Anliegen war es, der Mathematik im Allgemeinen und insbesondere der Analysis eine gesicherte Grundlage in der Logik zu geben. Diese Grundlage sollte unabhängig von unserer mathematischen Intuition und unseren Anschauungen des Raumes und der Zeit sein.[2] In diesem Sinne wendet sich Dedekinds Denken sowohl gegen einen Platonismus als auch gegen den Kantianismus in der Philosophie der Mathematik. Dedekind gelang es, die reellen Zahlen, also die Grundlage der Analysis, aus Mengen rationaler Zahlen zu konstruieren und ein Axiomensystem anzugeben, das die natürlichen Zahlen charakterisiert und damit die Grundlage der Arithmetik bildet.[3] Das Axiomensystem der natürlichen Zahlen von Dedekind ist gleichwertig zu den heute verwendeten Peano-Axiomen des italienischen Mathematikers Giuseppe Peano (1858–1932).[4] Im Hinblick auf den Logizismus ist jedoch anzumerken, dass Dedekind weder den Mengenbegriff, den er verwendet, noch das Axiomensystem der natürlichen Zahlen in der Logik fundiert.

Als der Hauptvertreter des Logizismus im 19. Jahrhundert gilt der deutsche Logiker und Philosoph Gottlob Frege (1848–1925). In seinen Hauptwerken *Grundlagen der Arithmetik (1884)* und *Grundgesetze der Arithmetik (1893)* leitete er die Axiome der natürlichen Zahlen aus der von ihm entwickelten formalen Logik ab.[5] Eine Fundierung der Arithmetik in einer geeigneten Logik zu geben und ebendiese Logik zu formalisieren, scheint das Lebensthema Freges gewesen zu sein. Anfang des zwanzigsten Jahrhunderts bemerkte der britische Mathematiker und Philosoph Bertrand Russell (1872–1970) jedoch, dass ein Grundsatz Freges über Mengen als Umfang eines Begriffs unhaltbar ist, da er zu Paradoxien führt.[6] Wir gehen hierauf detailliert in Abschn. 7.4 ein. Es ist überliefert, dass Frege von Russells Entdeckung tief getroffen war und das logizistische Projekt aufgab. Wir sehen Gottlob Frege beinahe als tragische Gestalt in der Philosophie der Mathematik. Bertrand Russell

---

[1] Siehe hierzu Kleen (1991).

[2] Siehe hierzu Dedekind (1880).

[3] Dedekinds Konstruktion der reellen Zahlen ist faszinierend und bis heute aktuell. Eine reelle Zahl wird mit einer Aufteilung der rationalen Zahlen in zwei Mengen A und B identifiziert, wobei alle Zahlen in A kleiner als die Zahlen in B sind und A kein größtes Element hat (Dedekind'scher Schnitt). Siehe hierzu Dedekind (1880).

[4] Vergleiche hierzu Dedekind (1872) und Peano (1889), sowie Abschn. 6.4. Da Dedekinds und Peanos Einführung der natürlichen Zahlen sehr ähnlich ist, sprechen manche Autoren auch von den Dedekind-Peano-Axiomen.

[5] Siehe hierzu Frege (1884a, 1893).

[6] Siehe hierzu den Briefwechsel zwischen Frege und Russell in Gabriel (1976).

entwickelte zusammen mit dem britischen Mathematiker Alfred North Whitehead (1861–1947) in der *Principia Mathematica (1910–1913)* eine Typentheorie, die Paradoxien durch Selbstbezüglichkeit vermeidet.[7] Bertrand Russell bekannte sich zumindest in seinen frühen Jahren ausdrücklich zum logizistischen Projekt in der Philosophie der Mathematik.[8] Obwohl die Typentheorie unseres Wissen nach keine Widersprüche impliziert, konnte sich die Typentheorie nicht als Grundlage der Mathematik durchsetzen. Wirft man einen Blick in die Principia Mathematica, so verwundert dies nicht, da der entwickelte Formalismus sehr aufwendig ist, siehe Abb. 7.1. Das handlichere Axiomensystem der Mengenlehre der deutschen Mathematiker Ernst Zermelo (1871–1953) und Abraham Fraenkel (1891–1965) gilt heute als Grundlage der modernen Mathematik.[9] Fast die gesamte zeitgenössische Mathematik, eingeschlossen der Geometrie, lässt sich auf dieses Axiomensystem mit einigen Zusätzen und Erweiterungen zurückführen. Wir werden unten sehen, dass sowohl das System von Russell und Whitehead als auch das System von Zermelo und Fraenkel Axiome beinhaltet, die zwar evident, aber nicht logisch evident erscheinen. Diese Systeme können daher nicht als vollständige Reduktion der Mathematik auf Logik gelten. Wir können allerdings davon sprechen, dass die Reduktion der Mathematik auf Logik und Mengenlehre geglückt ist.

Zu einer Wiederbelebung des Logizismus in Bezug auf die Arithmetik kam es durch die Arbeiten des britischen Philosophen Crispin Wright (1942–) und des amerikanischen Philosophen und Logikers George Boolos (1940–1996) in den 1980er- und 1990er-Jahren, die auf eine Überlegung des US-amerikanischen Philosophen Charles Parsons (1933–) zurückgeht.[10] Wright stellte fest, dass sich Freges Herleitung der Arithmetik aus der Logik auch unter Prämissen durchführen lässt, die schwächer sind und nicht unmittelbar zu Widersprüchen führen. Formal wurde dies von Boolos bewiesen und das Ergebnis ist heute als Freges Theorem bekannt, wir gehen hierauf in Abschn. 7.4 genauer ein.[11] Dieses Ergebnis ist die Grundlage des Neologizismus, einer zeitgenössischen logizistisch orientierten Denkrichtung. Heute existieren verschiedene neologizistische Theorien, wie zum Beispiel der modal-logische oder der intuitionistische Neologizismus, die sich im Hinblick auf ihre Annahmen und die zugrunde gelegte Logik unterscheiden. Wir sehen Edward Zalta (1952–) als Vertreter einer modal-logischen und Neil Tennant (1950–) als Vertreter einer intuitionistischen Richtung.[12]

Wir diskutieren in Abschn. 7.5, ob die Voraussetzungen logizistischer Theorien haltbar sind und tatsächlich als logisch wahr gelten können, und wir werden einschätzen, ob das logizistische Vorhaben in Bezug auf die Mathematik als Ganzes aussichtsreich ist.

---

[7]Siehe hierzu Russell und Whitehead (1962).
[8]Siehe hierzu die Einleitung der Principia Mathematica in Russell und Whitehead (1962).
[9]Siehe hierzu Deiser (2010).
[10]Siehe hierzu Parsons (1965).
[11]Siehe hierzu Wright (1983) und Boolos (1998).
[12]Siehe Zalta (1999) und Tennant (2009) sowie Kap. 7 zum Intuitionismus.

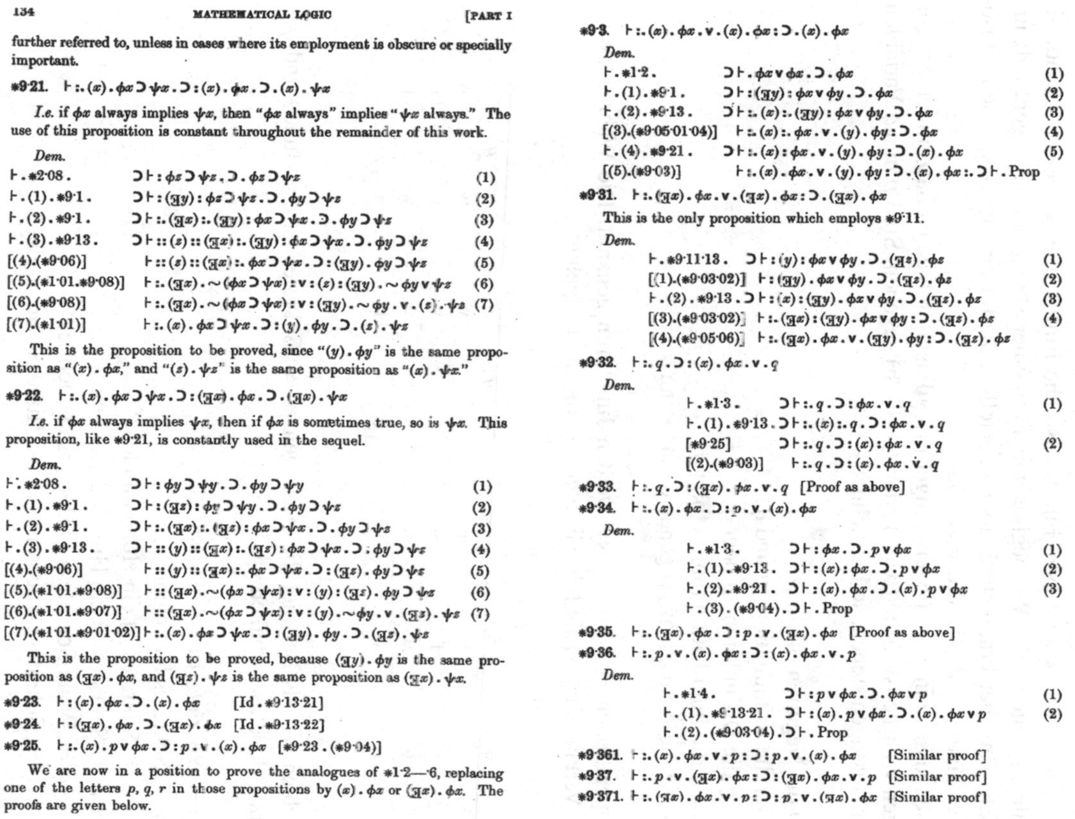

134 MATHEMATICAL LOGIC [PART I

further referred to, unless in cases where its employment is obscure or specially important.

***9·21.** $\vdash :. (x) . \phi x \supset \psi x . \supset : (x) . \phi x . \supset . (x) . \psi x$

I.e. if ϕx always implies ψx, then "ϕx always" implies "ψx always." The use of this proposition is constant throughout the remainder of this work.

Dem.

$\vdash . *2{\cdot}08 .$	$\supset \vdash : \phi z \supset \psi z . \supset . \phi z \supset \psi z$	(1)
$\vdash . (1) . *9{\cdot}1 .$	$\supset \vdash : (\exists y) : \phi z \supset \psi z . \supset . \phi y \supset \psi z$	(2)
$\vdash . (2) . *9{\cdot}1 .$	$\supset \vdash :. (\exists x) :. (\exists y) : \phi x \supset \psi x . \supset . \phi y \supset \psi z$	(3)
$\vdash . (3) . *9{\cdot}13 .$	$\supset \vdash :: (z) :: (\exists x) :. (\exists y) : \phi x \supset \psi x . \supset . \phi y \supset \psi z$	(4)
$[(4).(*9{\cdot}06)]$	$\vdash :: (z) :: (\exists x) :. \phi x \supset \psi x . \supset : (\exists y) . \phi y \supset \psi z$	(5)
$[(5).(*1{\cdot}01.*9{\cdot}08)]$	$\vdash :. (\exists x) . \sim(\phi x \supset \psi x) : \lor : (z) : (\exists y) . \sim \phi y \lor \psi z$	(6)
$[(6).(*9{\cdot}08)]$	$\vdash :. (\exists x) . \sim(\phi x \supset \psi x) : \lor : (\exists y) . \sim \phi y . \lor . (z) . \psi z$	(7)
$[(7).(*1{\cdot}01)]$	$\vdash :. (x) . \phi x \supset \psi x . \supset : (y) . \phi y . \supset . (z) . \psi z$	

This is the proposition to be proved, since "$(y) . \phi y$" is the same proposition as "$(x) . \phi x$," and "$(z) . \psi z$" is the same proposition as "$(x) . \psi x$."

***9·22.** $\vdash :. (x) . \phi x \supset \psi x . \supset : (\exists x) . \phi x . \supset . (\exists x) . \psi x$

I.e. if ϕx always implies ψx, then if ϕx is sometimes true, so is ψx. This proposition, like *9·21, is constantly used in the sequel.

Dem.

$\vdash . *2{\cdot}08 .$	$\supset \vdash : \phi y \supset \psi y . \supset . \phi y \supset \psi y$	(1)
$\vdash . (1) . *9{\cdot}1 .$	$\supset \vdash : (\exists z) : \phi y \supset \psi y . \supset . \phi y \supset \psi z$	(2)
$\vdash . (2) . *9{\cdot}1 .$	$\supset \vdash :. (\exists x) :. (\exists z) : \phi x \supset \psi x . \supset . \phi y \supset \psi z$	(3)
$\vdash . (3) . *9{\cdot}13 .$	$\supset \vdash :: (y) :: (\exists x) :. (\exists z) : \phi x \supset \psi x . \supset . \phi y \supset \psi z$	(4)
$[(4).(*9{\cdot}06)]$	$\vdash :: (y) :: (\exists x) :. \phi x \supset \psi x . \supset : (\exists z) . \phi y \supset \psi z$	(5)
$[(5).(*1{\cdot}01.*9{\cdot}08)]$	$\vdash :: (\exists x) . \sim(\phi x \supset \psi x) : \lor : (y) : (\exists z) . \phi y \supset \psi z$	(6)
$[(6).(*1{\cdot}01.*9{\cdot}07)]$	$\vdash :: (\exists x) . \sim(\phi x \supset \psi x) : \lor : (y) . \sim \phi y . \lor . (\exists z) . \psi z$	(7)
$[(7).(*1{\cdot}01.*9{\cdot}01{\cdot}02)]$	$\vdash :. (x) . \phi x \supset \psi x . \supset : (\exists y) . \phi y . \supset . (\exists z) . \psi z$	

This is the proposition to be proved, because $(\exists y) . \phi y$ is the same proposition as $(\exists x) . \phi x$, and $(\exists z) . \psi z$ is the same proposition as $(\exists x) . \psi x$.

***9·23.** $\vdash : (x) . \phi x . \supset . (x) . \phi x$ [Id . *9·13·21]

***9·24.** $\vdash : (\exists x) . \phi x . \supset . (\exists x) . \phi x$ [Id . *9·13·22]

***9·25.** $\vdash :. (x) . p \lor \phi x . \supset : p . \lor . (x) . \phi x$ [*9·23 . (*9·04)]

We are now in a position to prove the analogues of *1·2—·6, replacing one of the letters p, q, r in those propositions by $(x) . \phi x$ or $(\exists x) . \phi x$. The proofs are given below.

***9·3.** $\vdash :. (x) . \phi x . \lor . (x) . \phi x : \supset . (x) . \phi x$

Dem.

$\vdash . *1{\cdot}2 .$	$\supset \vdash . \phi x \lor \phi x . \supset . \phi x$	(1)
$\vdash . (1) . *9{\cdot}1 .$	$\supset \vdash : (\exists y) : \phi x \lor \phi y . \supset . \phi x$	(2)
$\vdash . (2) . *9{\cdot}13 .$	$\supset \vdash :. (x) :. (\exists y) : \phi x \lor \phi y . \supset . \phi x$	(3)
$[(3).(*9{\cdot}05{\cdot}01{\cdot}04)]$	$\vdash :. (x) :. \phi x . \lor . (y) . \phi y : \supset . \phi x$	(4)
$\vdash . (4) . *9{\cdot}21 .$	$\supset \vdash :. (x) : \phi x . \lor . (y) . \phi y : \supset . (x) . \phi x$	(5)
$[(5).(*9{\cdot}03)]$	$\vdash :. (x) . \phi x . \lor . (y) . \phi y : \supset . (x) . \phi x :. \supset \vdash . \text{Prop}$	

***9·31.** $\vdash :. (\exists x) . \phi x . \lor . (\exists x) . \phi x : \supset . (\exists x) . \phi x$

This is the only proposition which employs *9·11.

Dem.

$\vdash . *9{\cdot}11{\cdot}13 .$	$\supset \vdash : (y) : \phi x \lor \phi y . \supset . (\exists z) . \phi z$	(1)
$[(1).(*9{\cdot}03{\cdot}02)]$	$\vdash : (\exists y) . \phi x \lor \phi y . \supset . (\exists z) . \phi z$	(2)
$\vdash . (2) . *9{\cdot}13 . \supset \vdash : (x) : (\exists y) . \phi x \lor \phi y . \supset . (\exists z) . \phi z$		(3)
$[(3).(*9{\cdot}03{\cdot}02)]$	$\vdash :. (\exists x) : (\exists y) . \phi x \lor \phi y : \supset . (\exists z) . \phi z$	(4)
$[(4).(*9{\cdot}05{\cdot}06)]$	$\vdash :. (\exists x) . \phi x . \lor . (\exists y) . \phi y : \supset . (\exists z) . \phi z$	

***9·32.** $\vdash :. q . \supset : (x) . \phi x . \lor . q$

Dem.

$\vdash . *1{\cdot}3 .$	$\supset \vdash :. q . \supset : \phi x . \lor . q$	(1)
$\vdash . (1) . *9{\cdot}13 . \supset \vdash :. (x) :. q . \supset : \phi x . \lor . q$		
$[*9{\cdot}25]$	$\supset \vdash :. q . \supset : (x) : \phi x . \lor . q$	(2)
$[(2).(*9{\cdot}03)]$	$\vdash :. q . \supset : (x) . \phi x . \lor . q$	

***9·33.** $\vdash :. q . \supset : (\exists x) . \phi x . \lor . q$ [Proof as above]

***9·34.** $\vdash :. (x) . \phi x . \supset : p . \lor . (x) . \phi x$

Dem.

$\vdash . *1{\cdot}3 .$	$\supset \vdash : \phi x . \supset . p \lor \phi x$	(1)
$\vdash . (1) . *9{\cdot}13 .$	$\supset \vdash : (x) : \phi x . \supset . p \lor \phi x$	(2)
$\vdash . (2) . *9{\cdot}21 .$	$\supset \vdash : (x) . \phi x . \supset . (x) . p \lor \phi x$	(3)
$\vdash . (3) . (*9{\cdot}04) . \supset \vdash . \text{Prop}$		

***9·35.** $\vdash :. (\exists x) . \phi x . \supset : p . \lor . (\exists x) . \phi x$ [Proof as above]

***9·36.** $\vdash :. p . \lor . (x) . \phi x : \supset : (x) . \phi x . \lor . p$

Dem.

$\vdash . *1{\cdot}4 .$	$\supset \vdash : p \lor \phi x . \supset . \phi x \lor p$	(1)
$\vdash . (1) . *9{\cdot}13{\cdot}21 .$	$\supset \vdash : (x) . p \lor \phi x . \supset . (x) . \phi x \lor p$	(2)
$\vdash . (2) . (*9{\cdot}03{\cdot}04) . \supset \vdash . \text{Prop}$		

***9·361.** $\vdash :. (x) . \phi x . \lor . p : \supset : p . \lor . (x) . \phi x$ [Similar proof]

***9·37.** $\vdash :. p . \lor . (\exists x) . \phi x : \supset : (\exists x) . \phi x . \lor . p$ [Similar proof]

***9·371.** $\vdash :. (\exists x) . \phi x . \lor . p : \supset : p . \lor . (\exists x) . \phi x$ [Similar proof]

Abb. 7.1 Zwei Seiten der Principia Mathematica

7.3   Einführung in die formale Logik

Um das logizistische Programm der Reduktion von Mathematik auf formale Logik zu
verstehen und die Probleme des Logizismus aufzuzeigen, ist es unumgänglich eine
Einführung in die formale Logik zu geben. Unser Ziel ist es, dem Leser ein grundlegendes Verständnis zu vermitteln, ohne eine umfassende und detaillierte Einführung
in die formale Logik zu geben. Für eine solche Einführung verweisen wir auf die
einschlägige Literatur.[13] Wir beginnen hier mit einer Skizze der Aussagenlogik, um
dann Elemente der Prädikatenlogik darzustellen, die für eine logizistische Philosophie der Mathematik grundlegend sind.

Eine Aussage in einer (zweiwertigen) Logik ist durch einen Satz mit einem eindeutigen Wahrheitswert w (wahr) oder f (falsch) gegeben. Sind p und q Variablen,
die für Aussagen stehen, so bezeichnet:

- $\neg p$ die Negation (nicht p)
- $p \wedge q$ die Konjunktion (p und q)
- $p \vee q$ die Disjunktion (p oder q)
- $p \Rightarrow q$ die Implikation (aus p folgt q)
- $p \Leftrightarrow q$ die Äquivalenz (p genau dann, wenn q)

Die Operationen $\neg, \wedge, \vee, \Rightarrow, \Leftrightarrow$ werden Junktoren genannt. Die Wahrheitswerte
dieser Verknüpfungen sind durch folgende Tabelle festgelegt:

p	q	$\neg p$	$\neg q$	$p \wedge q$	$p \vee q$	$p \Rightarrow q$	$p \Leftrightarrow q$
w	w	f	f	w	w	w	w
w	f	f	w	f	w	f	f
f	w	w	f	f	w	w	f
f	f	w	w	f	f	w	w

Betrachten wir als Beispiel die Aussagen $p = $ „Sokrates ist ein Hund" und $q = $
„Sokrates lebt", so erhalten wir:

- $\neg p = $ „Sokrates ist kein Hund"
- $\neg q = $ „Sokrates lebt nicht"
- $p \wedge q = $ „Sokrates ist ein Hund und lebt"
- $p \vee q = $ „Sokrates ist ein Hund oder er lebt"
- $p \Rightarrow q = $ „Wenn Sokrates ein Hund ist, so lebt er"
- $p \Leftrightarrow q = $ „Sokrates ist genau dann ein Hund, wenn er lebt"

Ist mit Sokrates der Philosoph gemeint, so ist der Wahrheitswert von p und q falsch.
Damit haben $\neg q$, $\neg p$, $p \Rightarrow q$, $p \Leftrightarrow q$ den Wahrheitswert wahr. Die anderen Ver-

---

[13] Siehe Rautenberg (2008) oder Bohse und Rosenkranz (2006) für Geisteswissenschaftler.

knüpfungen haben den Wahrheitswert falsch. Ist mit Sokrates ein lebender Hund gemeint, so sind nur $\neg p$, $\neg q$ falsch, die anderen Verknüpfungen sind wahr.

Ausdrücke, die durch Anwendung der Junktoren $\neg$, $\wedge$, $\vee$, $\Rightarrow$, $\Leftrightarrow$ nach bestimmten syntaktischen Regeln[14] auf Variablen für Aussagen $p, q, r, s, \ldots$ gewonnen werden, nennt man Formeln der Aussagenlogik.

Eine Formel α wird logisch gültig, Tautologie oder manchmal auch logische Wahrheit genannt, wenn sie für jede Belegung der Variablen wahr ist, also den Wert w hat. Die Negation einer Tautologie ist eine Kontradiktion, also ein logischer Widerspruch. Tautologien der (zweiwertigen) Aussagenlogik sind zum Beispiel der Satz des ausgeschlossenen Widerspruchs $\neg(a \wedge \neg a)$, der Satz des ausgeschlossenen Dritten $\neg a \vee a$, der Modus ponendo ponens

$$(a \wedge (a \Rightarrow b)) \Rightarrow b$$

oder die Kontraposition

$$(a \Rightarrow b) \Leftrightarrow (\neg b \Rightarrow \neg a).$$

Tautologien spielen für den Logizismus in der Philosophie der Mathematik eine besondere Rolle. Die logizistische Behauptung in ihrer stärksten Form lautet, dass sich alle Aussagen der Mathematik mit geeigneten Definitionen auf Tautologien zurückführen lassen. Es ist offensichtlich, dass die Aussagenlogik für das logizistische Projekt nicht ausreichend ist, wir geben daher nun eine Einführung in die Prädikatenlogik.

Ein einstelliges Prädikat ist eine Aussageform $A(x)$, die eine Variable x enthält, sodass bei Ersetzung der Variablen durch Elemente aus einem gegebenen Individuenbereich U, auch Universum genannt, eine Aussage mit eindeutig bestimmtem Wahrheitswert entsteht. Ein n-stelliges Prädikat ist eine Aussageform $A(x_1, \ldots, x_n)$ mit den Variablen $x_1, \ldots x_n$, sodass bei Ersetzung aller Variablen durch Elemente eines Individuenbereichs eine Aussage entsteht. Aussageformen mit zwei Variablen werden auch (zweistellige) Relationen genannt.

Der Existenzquantor $\exists$ überführt ein einstelliges Prädikat $A(x)$ in eine Existenzaussage. Das heißt, $\exists x : A(x)$ ist wahr, genau dann, wenn $A(x)$ für mindestens ein Individuum x aus U wahr ist, ansonsten ist die Aussage falsch. Der Allquantor $\forall$ überführt ein einstelliges Prädikat in eine Allaussage. Das heißt, $\forall x : A(x)$ ist wahr, genau dann, wenn $A(x)$ für alle Individuen aus U wahr ist und ansonsten falsch. Manchmal wird zusätzlich der Quantor $\exists! x : A(x)$ verwendet, der besagt, dass genau ein x existiert, sodass $A(x)$ wahr ist. Formal lässt sich dieser Quantor durch den Existenzquantor und Allquantor in folgender Weise definieren:

$$\exists! x : A(x) \Leftrightarrow \exists x : (A(x) \wedge \forall y : A(y) \Rightarrow y = x).$$

---

[14]Wir verzichten hier darauf, die Grammatik einer logischen Sprache einzuführen und verweisen auf Rautenberg (2008).

Ein Quantor bindet in einem n-stelligen Prädikat $A(x_1, \ldots, x_n)$ eine Variable und erzeugt ein $n-1$-stelliges Prädikat. Wird durch n Quantoren jede Variable gebunden, ergibt sich eine Aussage.

Wir betrachten als Beispiel das zweistellige Prädikat $F(x, y) = x$ liebt y. Das Universum besteht aus allen Personen und enthält insbesondere Alice und Peter. Folgende Ausdrücke sind einstellige Prädikate, aber keine Aussagen:

- F(Peter, y) = „Peter liebt y"
- $F(x,$Alice$)$ = „x liebt Alice"
- $\forall x : F(x, y)$ = „Jeder liebt y"
- $\exists x : F(x, y)$ = „Es gibt mindestens eine Person, die y liebt"
- $\exists! x : F(x, y)$ = „Es gibt genau eine Person, die y liebt"
- $\forall y : F(x, y)$ = „x liebt jeden"
- $\exists y : F(x, y)$ = „x liebt mindestens eine Person"
- $\exists! y : F(x, y)$ = „x liebt genau eine Person"

Folgende Ausdrücke sind Aussagen:

- F(Peter, Alice) = „Peter liebt Alice"
- $\forall x : F(x,$ Alice$)$ = „Jeder liebt Alice"
- $\exists x : F(x,$ Alice$)$ = „Mindestens eine Person liebt Alice"
- $\exists! x : F(x,$ Alice$)$ = „Genau eine Person liebt Alice"
- $\forall y : F$(Peter, y) = „Peter liebt jeden"
- $\exists y : F$(Peter, y) = „Peter liebt mindestens eine Person"
- $\exists! y : F$(Peter, y) = „Peter liebt genau eine Person"
- $\forall x \forall y : F(x, y)$ = „Jeder liebt jeden"
- $\exists x \exists y : F(x, y)$ = „Es gibt mindestens eine Person, die mindestens eine Person liebt"
- $\forall x \exists y : F(x, y)$ = „Jeder liebt mindestens eine Person"
- $\forall y \exists x : F(x, y)$ = „Jeder wird von mindestens einer Person geliebt"

Ausdrücke, die durch Anwenden von Junktoren und Quantoren nach bestimmten syntaktischen Regeln auf Aussageformen gewonnen werden, nennt man Formeln der Prädikatenlogik.[15] Eine solche Formel ist eine Tautologie, wenn sie für jedes Modell, d. h. alle Universen und Aussageformen, wahr ist. Beispiele von Tautologien in einer Prädikatenlogik sind etwa $\forall x : A(x) \Rightarrow A(a)$ oder $A(a) \Rightarrow \exists x : A(x)$, falls a im Individuenbereich liegt. Weitere Tautologien verbinden Quantoren und Junktoren:

$$\neg(\forall x : A(x)) \Leftrightarrow \exists x : \neg A(x), \quad \neg(\exists x : A(x)) \Leftrightarrow \forall x : \neg A(x),$$

---

[15]Wir verzichten darauf, die Grammatik der Prädikatenlogik einzuführen, und verweisen wieder auf Rautenberg (2008). Es sei nur angemerkt, dass Quantoren grundsätzlich stärker binden als Junktoren, also nicht geklammert werden müssen.

$$(\exists x : A(x)) \vee (\exists x : B(x)) \Leftrightarrow \exists x : A(x) \vee B(x)$$

$$(\forall x : A(x)) \wedge (\forall x : B(x)) \Leftrightarrow \forall x : A(x) \wedge B(x).$$

In einer Prädikatenlogik erster Stufe betrachten wir keine Aussageformen $A(x)$, die sich auf Prädikate aus dem Individuenbereich U, bzw. auf Mengen von Individuen beziehen, sondern nur Aussageformen, die Individuen als Argument haben. Wir quantifizieren in der Prädikatenlogik erster Stufe also nur über Individuen. In einer Prädikatenlogik zweiter Stufe werden auch Aussageformen $A(x)$ betrachtet, die als Argument neben Individuen x auch Prädikate auf einem Individuenbereich oder Mengen von Individuen haben können. Über solche Objekte zu quantifizieren ist in einer Prädikatenlogik zweiter Stufe erlaubt. Eine Prädikatenlogik zweiter Stufe ist ausdrucksstärker als eine Prädikatenlogik erster Stufe; in ihr können Aussagen formuliert werden, die in einer Prädikatenlogik erster Stufe nicht formulierbar sind. Ein wichtiges Beispiel ist die ursprüngliche Form des Induktionsprinzips der Arithmetik, das wir in Abschn. 7.4 einführen. Beispiele von Tautologien in einer Prädikatenlogik zweiter Stufe, in denen über Prädikate quantifiziert wird, sind:

$$\forall x \forall A : \neg(A(x) \wedge \neg A(x)), \qquad \forall x \forall A : A(x) \vee \neg A(x)$$

$$\forall x (\neg \exists A : A(x) \Leftrightarrow \forall A : A(x)).$$

Die Prädikatenlogik zweiter Stufe ist eine echte Verallgemeinerung der Prädikatenlogik erster Stufe, die den Nachteil hat, dass einige Sätze in der Prädikatenlogik erster Stufe, wie zum Beispiel der Kompaktheitssatz oder der Gödel'sche Vollständigkeitssatz, ihre Gültigkeit verlieren. Der Logizismus in der Philosophie der Mathematik legt bei dem Versuch der Reduktion der Mathematik, und insbesondere der Arithmetik, auf Logik im Allgemeinen eine Prädikatenlogik zweiter Stufe zugrunde.

7.4 Der Versuch der Reduktion der Arithmetik

Als Grundlage der Arithmetik werden von Mathematikern und Philosophen gewöhnlich die Peano-Axiome akzeptiert. Ein Ausnahme hiervon bilden die Anhänger eines Finitismus in der Philosophie der Mathematik, die Unendliches in keiner Form zulassen wollen.[16]

Die Peano-Axiome für die natürlichen Zahlen $\mathbb{N}$, eingeschlossen Null, lauten wie folgt:[17]

1. 0 ist eine natürliche Zahl.
   ($0 \in \mathbb{N}$)

---

[16] Siehe hierzu auch Kap. 8 zum Intuitionismus und Kap. 10 zum Konstruktivismus.
[17] Siehe Peano (1889).

2. Jede natürliche Zahl n hat eine natürliche Zahl $N(n)$ als Nachfolger.
   $(\forall n \exists N(n) : n \in \mathbb{N} \Rightarrow N(n) \in \mathbb{N})$
3. Es gibt keine natürliche Zahl, deren Nachfolger 0 ist.
   $(\forall n : n \in \mathbb{N} \Rightarrow N(n) \neq 0)$
4. Zwei verschiedene natürliche Zahlen n, m haben verschiedene Nachfolger.
   $(\forall n, m : (n, m \in \mathbb{N} \wedge n \neq m) \Rightarrow N(n) \neq N(m))$.
5. Ist A ein einstelliges Prädikat auf den natürlichen Zahlen, so gilt: Wenn $A(0)$ wahr ist und die Wahrheit von $A(n)$ die Wahrheit von $A(N(n))$ für alle natürlichen Zahlen impliziert, so ist $A(n)$ für alle natürlichen Zahlen wahr.
   $(\forall A(A(0) \wedge (\forall n \in \mathbb{N} : A(n) \Rightarrow A(N(n))) \Rightarrow \forall n \in \mathbb{N} : A(n))$

Das letzte Axiom beschreibt das Prinzip der vollständigen Induktion. Dieses Prinzip ist nicht nur in der Arithmetik, sondern in der gesamten Mathematik die Grundlage für Induktionsbeweise und rekursive Definitionen. Die hier gegebene klassische Formulierung setzt offenbar eine Prädikatenlogik zweiter Stufe voraus. Als Axiomenschema lässt es sich allerdings auch in einer Prädikatenlogik erster Stufe formulieren. Wir betrachten, statt Prädikaten A, Formeln $\phi(n)$ in einer Prädikatenlogik erster Stufe, die natürliche Zahlen als ungebundenes Argument enthalten. Für jeder dieser Formeln fügen wir nun das Axiom

$$\phi(0) \wedge (\forall n \in \mathbb{N} : \phi(n) \Rightarrow \phi(N(n))) \Rightarrow \forall n \in \mathbb{N} : \phi(n)$$

zu unserem Axiomensystem hinzu. Der Nachteil dieses Systems ist, dass es eine unendliche Anzahl von Axiomen enthält, die sich nicht in ihrer Gesamtheit explizit formulieren lassen.

Das Anliegen des Logizismus in Bezug auf die Arithmetik ist es, die Peano-Axiome aus logisch evidenten Prämissen und geeigneten Definitionen herzuleiten. Wir legen hier zunächst eine Prädikatenlogik zweiter Stufe zugrunde und betrachten zusätzlich zu einem Prädikat A dessen Umfang U. Dies ist die Klasse der Gegenstände, denen das Prädikat zukommt, also $U = \{x \mid A(x)\}$, und wird auch als Extension der Prädikats bezeichnet. Gottlob Frege legt seiner klassischen Herleitung der Peano-Axiome folgendes Axiom in einer Prädikatenlogik zweiter Stufe über den Umfang von Prädikaten zugrunde:

$$\forall A, B : \{x \mid A(x)\} = \{x \mid B(x)\} \Leftrightarrow \forall x : A(x) \Leftrightarrow B(x),$$

für alle Prädikate A und B. Dies ist das Grundgesetz V aus Freges *Grundgesetze der Arithmetik* in moderner Schreibweise.[18] Es bedeutet, dass der Umfang von zwei Prädikaten, also die Klassen der Gegenstände, auf die sie zutreffen, genau dann gleich ist, wenn die Prädikate äquivalent sind, d. h., das erste Prädikat trifft auf einen Gegenstand genau dann, wenn das zweite Prädikat auf diesen Gegenstand zutrifft. Freges Herleitung der Arithmetik ist aufwendig und wird von Experten als

---

[18] Siehe Frege (1893).

schlüssig angesehen. Die Herleitung auszuführen liegt jenseits der Möglichkeiten dieses Buches.[19] Freges Werk wäre ein großer Erfolg für den Logizismus in der Philsophie der Mathematik, falls das Grundgesetz V tatsächlich logisch evident, also insbesondere wahr wäre. Dies ist nicht der Fall.

Ist ein beliebiges Prädikat A gegeben und wenden wir das Grundgesetz mit $A = B$ an, so folgt $\{x|A(x)\} = \{x|A(x)\}$, da $\forall x : A(x) \Leftrightarrow A(x)$ eine Tautologie ist. Insbesondere existiert der Umfang für jedes Prädikat, d. h.

$$\forall A \exists U : U = \{x|A(x)\},$$

oder äquivalent formuliert

$$\forall A \exists U \forall x : x \in U \Leftrightarrow A(x).$$

Diese notwendige Folgerung aus Grundgesetz V ist im Allgemeinen falsch, da sie zu einem Widerspruch führt. Um dies zu sehen, betrachten wir das Prädikat $A(x)$, das besagt, dass sich die Klasse x nicht selbst als Element enthält, d. h. $A(x) \Leftrightarrow x \notin x$. Wenden wir nun die Existenz des Umfangs U auf dieses Prädikat an, erhalten wir

$$\forall x : x \in U \Leftrightarrow x \notin x.$$

Setzen wir $x = U$, folgt $U \in U \Leftrightarrow U \notin U$, d. h., U enthält sich selbst als Element genau dann, wenn U sich nicht selbst als Element enthält, ein Widerspruch. Dies ist die berühmte Russell'sche Antinomie, die zeigt, dass nicht jedes Prädikat widerspruchsfrei einen Umfang, im Sinne der Menge von Gegenständen, denen das Prädikat zukommt, definiert. Diese Feststellung markiert das Ende der naiven Verwendung des Mengenbegriffs als Zusammenfassung von Objekten, die eine Eigenschaft haben. Wir hatten bereits im Abschn. 7.3 erwähnt, dass Russell und Whitehead eine Typentheorie und Zermelo und Fraenkel eine axiomatische Mengenlehre entwickelten, um Widersprüche wie in der Russellschen Antinomie zu vermeiden. Beide Systeme sind komplex und umfangreich. Wir verzichten hier auf eine Darstellung der Typentheorie und verweisen auf den Anhang (Kap. 14) dieses Buches für eine Einführung in die Mengenlehre von Zermelo und Fraenkel. Hier stellen wir nur einige Eigenschaften dieser Theorien vor, die im Hinblick auf den Logizismus in Bezug auf die Arithmetik relevant sind. Aus beiden Theorien lassen sich tatsächlich die Peano-Axiome herleiten, eine Reduktion der Arithmetik auf eine fundamentalere Theorie ist also möglich. Im Gegensatz zu Freges Grundgesetzen wurden aus der Typentheorie und der axiomatischen Mengenlehre unseres Wissens nach bisher keine Widersprüche abgeleitet. Auf der anderen Seite kann keines dieser formalen Systeme die eigene Widerspruchsfreiheit beweisen. Dies ist eine Konsequenz des zweiten Unvollständigkeitssatzes des österreichisch-amerikanischen Mathematikers Kurt Gödel (1906–1978). Dieser besagt, dass kein widerspruchsfreies formales System, das die elementare Arithmetik enthält, die eigene Widerspruchsfreiheit beweisen

---

[19]Siehe Heck (2012) für eine zeitgenössische Darstellung.

kann.[20] In Bezug auf das logizistische Vorhaben ist weiterhin von Bedeutung, dass sowohl die Typentheorie als auch die axiomatische Mengenlehre die Existenz unendlich vieler Individuen vom ersten Typ, bzw. einer unendlichen Menge postulieren. In der Sprache der Mengenlehre hat dieses Axiom folgende Form:

$$\exists A : (\emptyset \in A \land \forall x : (x \in A \Rightarrow x \cup \{x\} \in A)),$$

d. h., es gibt eine Menge A, die die leere Menge $\emptyset$ und mit jedem Element x auch die Vereinigung von x und $\{x\}$ enthält. Schreiben wir A in Form einer Aufzählung, ergibt sich

$$A = \{\emptyset, \ \{\emptyset, \{\emptyset\}\}, \ \{\emptyset, \ \{\emptyset, \{\emptyset\}\}\}, \{\emptyset, \ \{\emptyset, \{\emptyset\}\}\}, \ \{\emptyset, \ \{\emptyset, \{\emptyset\}\}\}\}, \dots \}$$

Es ist im Grunde nicht überraschend, dass sich aus dieser Annahme die Peano-Axiome herleiten lassen, indem wir folgende Definition vornehmen:

$$0 := \emptyset \qquad N(n) := n \cup \{n\},$$

wobei $N(n)$ der Nachfolger einer natürlichen Zahl n ist. Ob die hier skizzierte Reduktion der Arithmetik oder ein beliebiger anderer Ansatz, der ein Unendlichkeitsaxiom voraussetzt, als eine Reduktion im Sinne des Logizismus verstanden werden kann, thematisieren wir in Abschn. 7.5.

Wir werden hier noch einen weiteren Versuch der Reduktion der Arithmetik vorstellen, der sich stark an Freges Werk orientiert und die Grundlage der neologizistischen Philosophie ist. Dieser Ansatz geht wieder von einer Prädikatenlogik zweiter Stufe aus und legt weiterhin Humes Prinzip zugrunde. Humes Prinzip besagt, informell ausgedrückt:

Die Anzahl der Fs ist gleich der Anzahl der Gs genau dann, wenn es eine eineindeutige Zuordnung zwischen den Fs und den Gs gibt.

Dieses Prinzip geht auf dass Werk *A Treatise of Human Nature* des schottischen Philosophen David Hume (1711–1776) zurück.[21] Um das Prinzip zu formalisieren, müssen wir zunächst für zwei Prädikate F und G in rein logischen Begriffen definieren, was es heißt, dass es eine ein-eindeutige Zuordnung zwischen den Gegenständen, die F erfüllen, und den Gegenständen, die G erfüllen, gibt. Dies geschieht formal durch folgenden Ausdruck

$$\exists R : (\forall x(F(x) \Rightarrow \exists! y : (G(y) \land R(x, y))) \land \forall y(G(y) \Rightarrow \exists! x : (F(x) \land R(x, y)))),$$

der besagt: Es gibt eine Relation (ein zweistelliges Prädikat) R, sodass jeder Gegenstand, auf den F zutrifft, in Relation zu genau einem Gegenstand, auf den G zutrifft,

---

[20] Siehe Nagel und Newman (2003) für einen Beweis.
[21] Siehe Hume (1989).

steht und jeder Gegenstand, auf den G zutrifft, in Relation zu genau einem Gegenstand, auf den F zutrifft, steht. Falls eine solche Relation existiert, spricht man davon, dass F und G gleichzahlig sind, und schreibt hierfür $F \approx G$. Es ist leicht zu sehen, dass dies eine Äquivalenzrelation für Prädikate ist, d. h., es gilt

$$F \approx F, \qquad F \approx G \Leftrightarrow G \approx F, \qquad F \approx G \wedge G \approx H \Rightarrow F \approx H,$$

für alle F, G und H. Humes Prinzip besagt nun

$$\sharp F = \sharp G \Leftrightarrow F \approx G,$$

wobei $\sharp F$ die Anzahl der Gegenstände, die F erfüllen, und $\sharp G$ die Anzahl der Gegenstände, die G erfüllen, bezeichnet. Implizit definiert Humes Prinzip *Anzahl der Gegenstände, die F erfüllen* als die Äquivalenzklasse von F in Bezug auf die Äquivalenzrelation $\approx$, d. h., $\sharp F$ umfasst alle Prädikate, die zu F in Bezug auf $\approx$ äquivalent sind. Die hier gegebene Definition der Gleichzahligkeit von Prädikaten hat Ähnlichkeit mit der Definition der Gleichmächtigkeit von Mengen des deutschen Mathematikers Georg Cantor (1845–1918). Zwei Mengen haben die gleiche Mächtigkeit oder Kardinalität, wenn es eine eineindeutige Abbildung zwischen ihnen gibt. Entscheidend für den Logizismus ist aber, dass wir hier nicht auf den Mengenbegriff zurückgreifen.

Aus Humes Prinzip und einer Prädikatenlogik zweiter Stufe lassen sich die Peano-Axiome ableiten. Der Beweis dieses Satzes geht im Wesentlichen auf Freges Werk zurück und der Satz wird daher Freges Theorem genant. Frege gibt eine Herleitung von Humes Prinzip aus dem oben besprochenen unhaltbaren Grundgesetz V an und führt dann die Herleitung der Peano-Axiome mit Hilfe von Humes Prinzip durch. Diese Herleitung auszuformulieren übersteigt den Rahmen dieses Buches.[22] Wir möchten nur angeben, wie sich 0 und der Nachfolger $N(n)$ einer natürlichen Zahl n ausgehend von Humes Prinzip bestimmen lassen. Zum einen definieren wir $\sharp F = 0$ genau dann, wenn F keinem Gegenstand zukommt, also

$$\sharp F = 0 \; :\Leftrightarrow \; \neg \exists x : F(x).$$

Zum anderen ist $N(n)$ der unmittelbare Nachfolger einer natürlichen Zahl n genau dann, wenn es ein Prädikat F und einen Gegenstand w gibt, auf den F zutrifft, sodass $N(n)$ die Anzahl der Gegenstände ist, auf die F zutrifft, und n die Anzahl der Gegenstände außer w ist, auf die F zutrifft. Formal heißt dies:

$$\exists F \exists w : F(w) \wedge N(n) = \sharp F \wedge n = \sharp(F(x) \wedge x \neq w).$$

Es sei hier auch noch erwähnt, dass sich Humes Prinzip widerspruchsfrei zu einer Prädikatenlogik zweiter Stufe hinzufügen lässt, eine solche Logik ist widerspruchsfrei genau dann, wenn sie erweitert um Humes Prinzip widerspruchsfrei ist. So weit

---

[22]Wir verweisen hier wieder auf Frege (1893) sowie Heck (2012).

haben wir den grundlegenden Ansatz des Neologizismus referiert. In aktuellen neologizistischen Arbeiten wird Humes Prinzip allerdings nicht mehr in seiner allgemeinen Form vorausgesetzt, sondern eingeschränkt. Prädikate werden danach unterschieden, ob sie konkreten oder abstrakten Gegenständen zukommen, und Humes Prinzip wird nur für Prädikate behauptet, die konkreten Gegenständen zukommen. Damit ist die Anzahl der Gegenstände $\sharp F$, denen ein Prädikat F zukommt, nur für Prädikate, die konkreten Gegenständen zukommen, und nicht für beliebige Prädikate definiert.[23]

Ob die hier skizzierte Reduktion der Arithmetik auf eine Prädikatenlogik zweiter Stufe erweitert um Humes Prinzip als eine Reduktion der Mathematik auf Logik im Sinne des logizistischen Projekts verstehen lässt, diskutieren wir im folgenden Abschnitt.

7.5   Einschätzung des logizistischen Vorhabens

Wir nehmen in diesem Abschnitt eine kritische Einschätzung des logizistischen Vorhabens, die Mathematik auf Logik zu reduzieren, vor. Zunächst beschäftigt uns die Frage, inwieweit die Versuche der Reduktion der Arithmetik, die im Abschn. 6.4 dargestellt wurden, tragfähig sind. Danach argumentieren wir gegen die Möglichkeit einer Reduktion der gesamten Mathematik auf Logik.

Betrachten wir zunächst die Zurückführung der Arithmetik auf die Typentheorie von Russell und Whitehead oder die Mengenlehre von Zermelo und Fraenkel. Beide Ansätze scheinen geglückt, fordern aber unter anderem die Existenz unendlich vieler Gegenstände ersten Typs, bzw. einer unendlichen Menge durch ein Unendlichkeitsaxiom. Eine begründete Einschätzung eines solchen Axioms fällt leicht, es ist innerhalb einer Typentheorie oder Mengenlehre nicht logisch evident. Die Rede von Gegenständen eines Typs oder Mengen von Gegenständen verpflichtet uns nicht zur Behauptung, dass es unendliche viele Gegenstände eines Typs oder unendliche Mengen gibt. Dieses Argument lässt sich präzisieren. Die Zermelo-Fraenkel-Mengenlehre ist widerspruchsfrei mit dem Unendlichkeitsaxiom genau dann, wenn sie mit der Annahme der Negation des Unendlichkeitsaxioms widerspruchsfrei ist.[24] Die Annahme, dass es keine unendliche Menge gibt, lässt sich innerhalb der axiomatischen Mengenlehre nur dann widerlegen, wenn die Mengenlehre, unabhängig welche Annahme über die Existenz einer unendlichen Menge getroffen wird, widersprüchlich ist. Genauso verhält es sich mit der Annahme, dass es eine unendliche Menge gibt. Ein ähnliches Argument lässt sich auch für die Typentheorie nach Russell und Whitehead ausformulieren. Wir sehen also, dass das heute weithin anerkannte Fundament der Mathematik und insbesondere der Arithmetik zwar eine Prädikatenlogik beinhaltet, aber keine Reduktion der Mathematik auf eine Prädikatenlogik darstellt. Der Logizismus war zwar ein wesentlicher Antrieb für die Formalisierung

---

[23]Wir finden einen solchen Ansatz in Zalta (1999), wobei hier eine modale Logik vorausgesetzt wird.
[24]Siehe hierzu Kunen (1980).

der Grundlagen der Arithmetik durch die Typentheorie oder Mengentheorie, diese Formalisierungen enthalten aber Axiome, die keine Tautologien im Sinne der Prädikatenlogik sind.

Betrachten wir nun die Begründung der Arithmetik durch eine Prädikatenlogik zweiter Stufe zusammen mit Humes Prinzip, wie sie der Neologizismus vorschlägt. Diese steht oder fällt mit der Haltbarkeit von Humes Prinzip. Humes Prinzip zu interpretieren und einzuschätzen ist hierbei wesentlich diffiziler als die Einschätzung des Unendlichkeitsaxioms.

Für ein Prädikat F bezeichnet $\sharp F$ die Anzahl der Gegenstände, die F erfüllen. Wenn wir unter *Anzahl der Gegenstände* deren Kardinalität, also eine Kardinalzahl, verstehen, nimmt Humes Prinzip folgende Form an:

Die Kardinalzahl der Gegenstände, die F erfüllen, ist gleich der Kardinalzahl der Gegenstände, die G erfüllen, wenn es eine eineindeutige Zuordnung zwischen den Gegenständen, die F erfüllen, und den Gegenständen, die G erfüllen, gibt.

Dies ist nichts anders als die Definition der Identität von Kardinalzahlen, wie sie auch in der Mengenlehre verwendet wird. Man kann daher Humes Prinzip in Bezug auf Kardinalzahlen als logisch evident ansehen, insofern die Kardinalität der Gegenstände, die unter die Prädikate F bzw. G fallen, existiert. Humes Prinzip in vorliegender Form impliziert, dass für ein Prädikat F eine Kardinalzahl $\sharp F$, die die Kardinalität der Gegenstände, die unter F fallen, bezeichnet, existiert. Diese Folgerung aus Humes Prinzip scheint uns aus zwei Gründen problematisch für einen Logizismus zu sein.

Für ein Prädikat F wird $\sharp F$ durch die Äquivalenzrelation der Gleichzahligkeit $\approx$ definiert und bezeichnet daher die Äquivalenzklassen der zu F gleichzahligen Prädikate. Es stellt sich die ontologische Frage, in welchem Sinne diese Äquivalenzklasse existiert. Die gängige mathematische Interpretation lautet, dass es sich bei der Äquivalenzklasse von F um die Menge der Gegenstände handelt, die zu F äquivalent sind, also $\sharp F = \{G \mid G \simeq F\}$. Wir haben an dieser Stelle den Verdacht, dass der Neologizismus implizit eine Mengenlehre voraussetzt und es scheint uns fragwürdig, ob die in diesem Zusammenhang benötigte Mengenlehre tatsächlich ohne Axiome auskommt, die nicht logisch-evident sind. Zumindest finden wir in der neologizistischen Literatur keine befriedigende Antwort auf die Frage, worauf sich der Term $\sharp F$, der nicht Bestandteil einer Prädikatenlogik ist, beziehen soll.

Das zweite Problem besteht darin, dass Humes Prinzip in seiner allgemeinen Form für jedes Prädikat F die Existenz einer Kardinalzahl impliziert. Betrachten wir das Prädikat $x = x$ der Selbstidentität, dass alle Gegenstände erfüllen. Aus Humes Prinzip folgt, dass dieses Prädikat eine Kardinalzahl hat, dass also die Kardinalität aller Gegenstände in einer Prädikatenlogik zweiter Stufe existiert. Diese Zahl wird in der Literatur manchmal Anti-Null oder universelle Zahl genannt. Logizisten sind sich im Klaren darüber, dass die Annahme der Existenz einer solchen Zahl hochgradig fragwürdig ist. Als Reaktion auf Probleme mit dem Hume'schen Prinzip in seiner allgemeinen Form wird versucht, das Prinzip auf eine geeignete Menge von Prädikaten einzuschränken. In der zeitgenössischen Literatur wird etwa die Unterscheidung von Prädikaten, die sich auf gewöhnliche Gegenstände und Prädikate, die sich auf abstrakte Gegenstände beziehen, vorgeschlagen.[25] Wir können diese Ansätze hier nicht abschließend beurteilen, möchten aber Zweifel daran anmelden, dass sich die notwendige Unterscheidung von Prädikaten kraft rein logischer Kriterien gewährleisten lässt.

Der Neologizismus interpretiert, ausgehend von Humes Prinzip, natürliche Zahlen als Kardinalzahlen. Wir möchten uns an dieser Stelle noch mit der Frage beschäftigen, ob diese Interpretation adäquat ist. Im mengentheoretischen Formalismus lassen sich die natürlichen Zahlen auch als Ordinalzahl, die durch ihre Position in einer geeigneten Ordnung eindeutig bestimmt sind, verstehen:

$$0: = \emptyset < 1 := \{0\} < 2 := \{0, 1\} < 3 := \{0, 1, 2\} < 4 := \{0, 1, 2, 3, \} < \dots$$

Das Konzept der endlichen oder finiten Ordinalzahlen lässt sich in naheliegender Weise um transfinite Ordinalzahlen erweitern:

$$\forall n \in \mathbb{N} : n < \omega: = \{0, 1, 2, 3, \dots \} < \omega + 1: = \{0, 1, 2, 3, \dots, \omega\}$$

$$< \omega + 2 = :\{0, 1, 2, 3, \dots, \omega, \omega + 1\} < \dots < \omega + n$$
$$: = \{0, 1, 2, 3, \dots, \omega, \dots, \omega + (n - 1)\}$$

$$\dots < 2\omega := \{0, 1, 2, 3, \dots \omega + 1, \omega + 2, \dots \}.$$

Für transfinite Ordinalzahlen gilt Humes Prinzip offensichtlich nicht. Es gib eineindeutige Zuordnungen zwischen $\omega, \omega + 1, \omega + 2, 2\omega$ usw., obwohl diese Zahlen durch ihre Position in der Ordnung wohl unterschieden sind. Wir überlassen es hier dem Leser, solche Zuordnungen anzugeben. Aus einer Prädikatenlogik zweiter Stufe, zusammen mit Humes Prinzip, lässt sich die transfinite Arithmetik nicht ableiten. Dies ist für die logische Herleitung der Peano-Axiome aus Humes Prinzip mittels einer Prädikatenlogik nicht erheblich. Man mag allerdings die Auffassung vertreten, dass die Interpretation der natürlichen Zahlen als Kardinalzahlen, die der Neologizismus propagiert, inadäquat ist. Diese Interpretation erlaubt keine Verallgemeinerungen der natürlichen Zahlen auf transfinite Zahlen. Für Georg Cantor (1845–1918), der mit der Mengenlehre auch die Theorie der Ordinal- und Kardinalzahlen entwickelte, waren vermutlich Ordinalzahlen die Grundlage der Arithmetik. In jedem Fall sind transfinite Zahlen heute ein unverzichtbarer Bestandteil der modernen Arithmetik. Ein Beispiel, das dies verdeutlicht, ist die Theorie der Goodstein-Folgen.[26]

So weit haben wir uns mit dem Versuch der Reduktion der Arithmetik auf eine Logik kritisch auseinander gesetzt. Wir präsentieren nun noch zwei Argumente, die weitere Probleme des Logizismus in der Philosophie der Mathematik aufzeigen. Das erste Argument beruht auf der Annahme der Gültigkeit des Auswahlaxioms und

---

[25]Siehe hierzu zum Beispiel Zalta (1999).
[26]Siehe Kap. 1 in Neunhäuserer (2015).

schließt die Reduktion einiger zentraler Sätze der modernen Mathematik auf Logik aus. Das zweite Argument beruht auf Gödels erstem Unvollständigkeitssatz und zeigt, dass die Reduktion aller wahren mathematischen Sätze auf Logik unmöglich ist.

Das Auswahlaxiom besagt, dass es für eine nicht leere Menge von Mengen eine Auswahlfunktion gibt, die jeder dieser Mengen eines ihrer Elemente zuordnet. Formal ausgedrückt, bedeutet dies:

$$\forall X \left(\emptyset \notin X \Rightarrow \exists f : X \to \bigcup_{A \in X} A \quad : \quad \forall A \in X : (f(A) \in A) \right)$$

Das Auswahlaxiom ist ein Zusatz zur axiomatischen Mengenlehre von Zermelo und Fraenkel. Ausgehend von der Gültigkeit dieses Axioms lässt sich folgendes Argument formulieren:

(1) Das Auswahlaxiom folgt nicht aus logisch evidenten Prämissen.
(2) Einige zentrale Sätze der Mathematik sind äquivalent zum Auswahlaxiom.

Aus (1) und (2) folgt: Einige zentrale Sätze der Mathematik folgen nicht aus logisch evidenten Prämissen, ihre Reduktion auf Logik ist also ausgeschlossen.

Zur ersten Voraussetzung des Arguments sei zunächst bemerkt, dass uns kein einziger Ansatz bekannt ist, der eine Herleitung des Auswahlaxioms aus logisch evidenten Prämissen versucht. Schwerer wiegt jedoch ein Resultat des US-amerikanischen Logikers und Mathematikers Paul Cohen (1934–2007): Die axiomatische Mengenlehre, erweitert um das Auswahlaxiom, ist genau dann widerspruchsfrei, wenn sie, erweitert um die Negation des Auswahlaxioms, widerspruchsfrei ist.[27] Es ist also sicher, dass sich das Axiom nicht aus den Axiomen der Zermelo-Fraenkel-Mengenlehre zusammen mit einer Prädikatenlogik herleiten lässt. Zur Rechtfertigung der zweiten Voraussetzung des Arguments seien folgende zentralen Sätze der modernen Mathematik, die äquivalent zum Auswahlaxion sind, genannt:

• Das Produkt einer nichtleeren Familie von nichtleeren Mengen ist nicht leer (Mengenlehre)
• Jede Menge kann wohlgeordnet werden (Ordnungstheorie)
• Jede nichtleere halbgeordnete Menge, in der jede Kette eine obere Schranke hat, enthält ein maximales Element (Ordnungstheorie)
• Jeder Vektorraum besitzt eine Basis (Algebra)
• Das Produkt kompakter Räume ist kompakt (Topologie)
• Jeder ungerichtete, zusammenhängende Graph hat einen aufspannenden Baum (Graphentheorie)

---

[27]Siehe Cohen (1966) für den Beweis dieses Resultates.

Darüber hinaus sind viele zentrale Sätze in nahezu allen Gebieten der modernen Mathematik ausgehend von der Zermelo-Fraenkel-Mengenlehre nicht ohne das Auswahlaxiom beweisbar. Beispiele solcher Sätze sind:

- Jede Vereinigung abzählbarer Mengen ist abzählbar (Mengenlehre)
- Jeder Zahlenkörper hat einen algebraischen Abschluss (Algebra)
- Die additiven Gruppen der reellen und komplexen Zahlen sind isomorph (Algebra)
- Ein Raum ist kompakt genau dann, wenn er vollständig und total beschränkt ist (Topologie)
- Existenz des Lebesgue-Maßes (Analysis)
- Der Satz von Hahn-Banach (Funktionalanalysis)

Obwohl diese Sätze schwächer als das Auswahlaxiom sind, ist auch bei diesen Sätzen kein Beweis aus logisch evidenten Prämissen bekannt. Es ist nicht davon auszugehen, dass sich diese Sätze aus logisch-evidenten Prämissen, welcher Art auch immer, beweisen lassen werden. Dies ist offenbar ein schwerwiegendes Problem für den Logizismus in Bezug auf weite Teile der zeitgenössischen Mathematik.

Zuletzt stellen wir hier noch ein Argument gegen die Möglichkeit der vollständigen Reduktion der Mathematik auf Logik vor, das auf dem ersten Unvollständigkeitssatz von Kurt Gödel (1906–1978) beruht. Dieser besagt, dass jedes konsistente formale System, das die Arithmetik der natürlichen Zahlen enthält, unvollständig ist, d. h., dass es wahre Aussagen gibt, die in der Sprache des formalen Systems ausdrückbar, aber nicht beweisbar, sind[28]. Wir formulieren ausgehend von diesem Resultat folgendes Argument:

(1) Eine mathematische Theorie lässt sich vollständig auf Logik reduzieren, genau dann, wenn sich alle Theoreme (wahren Sätze) der Theorie aus logisch evidenten Prämissen mittels logischer Deduktion herleiten lassen.
(2) Begriffe einer mathematischen Theorie, logisch evidente Prämissen und logische Schlussregeln lassen sich durch ein formales System im Sinne von Kurt Gödel beschreiben.
Aus (1) und (2) folgt: (3) Eine mathematische Theorie lässt sich vollständig auf Logik reduzieren, genau dann, wenn sich alle wahren Sätze der Theorie in einem formalen System ausdrücken und beweisen lassen.

Aus (3) und dem Unvollständigkeitssatz von Gödel folgt: Eine mathematische Theorie, die die Arithmetik der natürlichen Zahlen umfasst, lässt sich nicht vollständig auf Logik reduzieren.

Die erste Voraussetzung des Arguments ist nichts weiteres als eine erneute Erläuterung unseres Begriffs der Reduktion einer mathematischen Theorie auf Logik. Die

---

[28] Siehe Nagel und Newman (2003).

zweite Voraussetzung des Arguments behauptet die Formalisierbarkeit mathematischer Theorien und logischer Systeme. Tatsächlich sind die Erfolge solch einer Formalisierung groß, siehe hierzu auch Kap. 9 zum Formalismus in der Philosophie der Mathematik. Es scheint nicht umstritten zu sein, dass sich weite Teile der Mathematik und Logik, inbesondere die Arithmetik und Prädikatenlogik, in einer geeigneten formalen Sprache ausdrücken lassen. Dies spricht für die zweite Voraussetzung des Arguments. Die Schlussfolgerung des Arguments wird heute in der Philosophie der Mathematik gewöhnlich akzeptiert. Wir sehen also, dass der Logizismus in der Philosophie der Mathematik, insoweit er die Möglichkeit einer vollständigen Reduktion der Mathematik auf Logik behauptet, als gescheitert angesehen werden darf.

Intuitionismus

8

Inhaltsverzeichnis

8.1 Luitzen Brouwer

Der Intuitionismus in der Philosophie der Mathematik geht auf den niederländischen Mathematiker Luitzen Brouwer (1881–1966) zurück und ist bis heute untrennbar mit dessen Werk verknüpft. Wir beginnen daher dieses Kapitel mit einer kurzen Biographie.[1]

Luitzen Brouwer wurde 1881 nahe Rotterdam geboren. Nach Schulbesuch in Hoorn und Haarlem schloss er 1897 das Gymnasium ab und studierte an der Fakultät für Mathematik und Naturwissenschaften der Universität Amsterdam. 1906 publizierte Brouwer sein erstes Buch *Leben, Kunst und Mystik* über philosophische und moralische Fragestellungen.[2] In diesem Buch zeichnete sich schon Brouwers subjektiv idealistische Haltung ab, die auch seine Philosophie der Mathematik kennzeichnet. Brouwer promovierte 1907 an der Universität Amsterdam über die Grundlagen der Mathematik. Seine Dissertation beschäftigt sich mit dem Unterschied zwischen Mathematik und Logik und enthält erste Ansätze des Intuitionismus in der Philosophie der Mathematik. In einem 1908 folgenden Artikel bezweifelt Brouwer zum ersten Mal den Satz vom ausgeschlossenen Dritten der klassischen Logik, welcher

---

[1] Siehe hierzu van Dalen (1999).
[2] Siehe Brouwer (1905).

© Springer-Verlag GmbH Deutschland, ein Teil von Springer Nature 2021
J. Neunhäuserer, *Einführung in die Philosophie der Mathematik*,
https://doi.org/10.1007/978-3-662-63714-2_8

besagt, dass eine Aussage entweder wahr oder falsch ist.[3] Im Folgenden beschäftigte sich Brouwer intensiv mit fachmathematischen Fragestellungen im Bereich der Topologie. Sein bekanntestes Resultat ist wohl der Brouwer'sche Fixpunktsatz, der besagt, dass eine stetige Abbildung der abgeschlossenen Einheitssphäre in sich einen Fixpunkt hat. Daneben verallgemeinerte Brouwer den Jordan'schen Kurvensatz auf n Dimensionen und klärte den Begriff der topologischen Dimension.[4] 1912 folgte der Ruf auf eine Professur an der Universität Amsterdam, wo Brouwer bis zu seiner Emeritierung 1952 unterrichtete. In den 20er- und 30er-Jahren verfeinerte Brouwer die intuitionistische Philosophie der Mathematik und entwarf eine Mengentheorie, eine Theorie der reellen Zahlen sowie eine Funktionentheorie, ausgehend von den Prinzipien des Intuitionismus. Er hielt Vorträge über den Intuitionismus an renommierten Universitäten und wandte sich gegen die fortschreitende Formalisierung der Mathematik, wie sie von David Hilbert (1862–1943) und seinen Schülern in Göttingen betrieben wurde.[5] Hilbert und Brouwer sind die beiden maßgeblichen Kontrahenten im sogenannten Grundlagenstreit zwischen Formalismus und Intuitionismus, der zu einer großen Anzahl von Veröffentlichungen im Bereich der Grundlagen und der Philosophie der Mathematik führte. Es kann als Konsequenz dieses Streites gesehen werden, dass Hilbert Brouwer im Jahre 1928 von der Mitherausgeberschaft der Mathematischen Annalen, die zu dieser Zeit die bedeutendste mathematische Fachzeitschrift war, ausschließen ließ. Brouwer hatte zuvor in den Mathematischen Annalen einige seiner wichtigsten Arbeiten veröffentlicht. Nach dem Zweiten Weltkrieg scheint Brouwer in der internationalen mathematischen Gemeinschaft recht isoliert zu sein. Er beschäftigte sich mehr mit metaphysischen als fachmathematischen Fragestellungen. Aus dieser Zeit stammt unter anderem Brouwers Konzept des schöpferischen mathematischen Subjekts, das wir in Abschn. 8.1 besprechen. Obwohl Brouwer für sein Werk zahlreiche Auszeichnungen wie die Mitgliedschaft in der Royal Dutch Academy of Sciences und der Royal Society of London, sowie die Ehrendoktorwürde der Universität von Cambridge erhielt, scheint sein Leben doch durch Kränkungen und Konflikte geprägt. Brouwer starb im Alter von 85 Jahren bei einem Autounfall und hinterließ keine Kinder.

Die Weiterentwicklung des Intuitionismus übernahmen unter anderem Arend Heyting (1898–1980), ein Schüler Brouwers, und Dirk van Dalen (1932–), der bei Heyting promovierte. Insbesondere geht eine formale Interpretation der intuitionistischen Logik auf Heyting zurück.[6] Unabhängig von Heyting hat auch der berühmte russische Mathematiker Andrey Kolmogorov (1903–1987) eine solche Interpretation vorgelegt. Wir geben im Abschn. 8.3 eine Einführung in die intuitionistische Logik, die auf diesen Interpretationen beruht, und stellen daraufhin einige Elemente der intuitionistischen Mathematik vor. Den Abschluss des Kapitels bildet eine Kritik des Intuitionismus (Abschn. 8.5).

---

[3]Siehe Brouwer (1908).
[4]Siehe Brouwer (1905, 1910, 1911a).
[5]Siehe hierzu auch Kap. 9 zum Formalismus.
[6]Siehe hierzu Heyting (1930).

8.2 Die Metaphysik des Intuitionismus

Grundlegend für den Intuitionismus in der Philosophie der Mathematik ist die Annahme, dass die Mathematik eine Schöpfung des Geistes ist. Die Gegenstände der Mathematik, wie zum Beispiel Zahlen, existieren demnach nicht unabhängig von mentalen Vorgängen und sie sind nicht abstrakt. Ein mathematischer Gegenstand ist nicht zeitlos, da er erst durch einen schöpferischen mentalen Akt zu existieren beginnt. Dass ein mathematischer Satz wahr ist, bedeutet gemäß des Intuitionismus, dass es einen mentalen Vorgang gibt, der aufzeigt, dass der Satz wahr ist. Die Kommunikation mathematischer Inhalte dient dem Intuitionisten dazu, den eigenen mentalen Vorgang im Geiste einer anderen Person auszulösen.

Wir werden die Grundidee des Intuitionismus in diesem Abschnitt erläutern und im Abschn. 8.3 aufzeigen, dass sich daraus erhebliche Konsequenzen für die Logik und Mathematik ergeben. Zunächst ist aber eine Anmerkung zur Nomenklatur angebracht. Die Behauptung, dass die Mathematik eine Schöpfung des Geistes ist, könnte naheliegenderweise als Kreationismus in der Philosophie der Mathematik bezeichnet werden, da Schöpfung und Kreation synonyme Begriffe sind. Nun ist der Begriff *Kreationismus* aber religiös besetzt und diese Konnotation ist in unserem Zusammenhang unerwünscht. Die Verwendung des Begriffs *Intuitionismus* ist allerdings auch problematisch und kann zu Missverständnissen führen. Eine Intuition ist in der Philosophie des Geistes kein kreativer Akt, sondern eine unmittelbare Einsicht. Von einer solchen Einsicht wird üblicherweise angenommen, dass sie sich auf Gegenstände bezieht, die jenseits des mentalen Vorgangs der Einsicht liegen. Wir möchten betonen, dass der Intuitionismus in der Philosophie der Mathematik nicht in diesem Sinne verstanden werden kann. Er lehnt, im Gegensatz zum intuitiven Platonismus, die Vorstellung, dass sich mathematische Intuition auf nicht mentale Gegenstände bezieht, explizit ab, vergleiche hierzu Kap. 3 zum Platonismus in der Philosophie der Mathematik.

Der Begriff des Geistes ist in der Philosophie vieldeutig und vielschichtig. Um den Intuitionismus in der Philosophie der Mathematik zu verstehen, müssen wir uns zunächst klar darüber werden, welche Konzeption des Geistes und welche Konzeption mentaler Vorgänge zugrunde gelegt wird. Brouwer betrachtet das schöpferische mathematische Subjekt als einen idealen Geist, der frei von Beschränkungen durch Raum und Zeit und der Möglichkeit von Fehlern und Irrtümern ist.[7] Der mentale Vorgang der mathematischen Schöpfung ist kein kognitiver Vorgang einer Person; er ist überpersönlich und universell. Es handelt sich bei der Mathematik um das Produkt des einen idealen schöpferischen Subjekts, an dem ein Mathematiker Anteil hat. Das schöpferische Subjekt Brouwers kann als transzendentales Subjekt im Sinne des österreichischen Philosophen Edmund Husserl (1859–1938), verstanden werden.[8] Mit transzendentalem Subjekt ist das Ich des reinen Bewusstseins gemeint, das jenseits der Bewusstseinsinhalte dauerhaft ist. Die Metaphysik, die dem

---

[7] Siehe Brouwer (1948).
[8] Siehe zu dieser Interpretation van Atten (2007).

Intuitionismus zugrunde liegt, kann also als subjektivistischer und transzendentaler Idealismus bezeichnet werden. Wir vermeinen hier Motive des deutschen Idealismus und insbesondere der Philosophie von Gottlieb Fichte (1762–1814) zu erkennen.

Brouwers Intuitionismus geht davon aus, dass der Geist die Mathematik durch zwei vorsprachliche Aktivitäten konstituiert, die nur die Zeit als apriorisches Prinzip voraussetzen. Die Wahrnehmung des Vergehens der Zeit, durch die jeder Augenblick in zwei unterschiedliche Teile zerfällt, das, was war, und das, was zusammen mit dem, was war, ist, kreiert die Zweiheit. Von da aus ergibt sich durch das, was war, und das was zusammen mit dem, was war, ist, die Dreiheit usw. Brouwer nennt diesen ersten Akt des Subjekts die Urintuition. Er stellt im Intuitionismus die Grundlage der Arithmetik dar und erinnert an Kants Philosophie der Mathematik.[9] Der zweite Akt des schöpferischen Subjekts, der der Mathematik zugrunde liegt, besteht in der freien Auswahl der Einträge einer Folge von mathematischen Gegenständen aus vorher geschaffenen mathematischen Gegenständen. Hier sind es also freie Entscheidungen des Geistes, die Mathematik schaffen. Der zweite Akt des schöpferischen Subjekts ist die Grundlage der Konstruktion der reellen Zahlen und damit die Grundlage der Analysis im Intuitionismus. Wir gehen hierauf in Abschn. 8.4 genauer ein.

Die beiden genannten Grundprinzipien des Intuitionismus vergegenwärtigen den Unterschied zwischen dem Intuitionismus und platonischen sowie formalistischen Ansätzen in der Philosophie der Mathematik. Der Intuitionismus nimmt weder die Existenz einer nicht-mentalen mathematischen Realität, wie der Platonismus, an, noch betrachtet er die Mathematik als ein Spiel mit Symbolen nach festgelegten Regeln, wie der Formalismus.[10] Der Intuitionismus unterscheidet sich weiterhin vom Logizismus, da er einen zeitabhängigen Wahrheitsbegriff für mathematische Aussagen unterstellt. Eine bewiesene mathematische Aussage ist zu der Zeit und in der Zukunft des Zeitpunktes, an der sie bewiesen wurde, wahr; die Aussage hatte aber keinen Wahrheitswert, bevor sie bewiesen wurde. Diese Zeitabhängigkeit kann durch drei Axiome präzisiert werden.

Für alle mathematischen Aussagen a gilt:

(1) Das schöpferische Subjekt hat zu einem Zeitpunkt n einen Beweis, dass a wahr ist, oder das schöpferische Subjekt hat zu einem Zeitpunkt n keinen Beweis, dass a wahr ist.

(2) Wenn das schöpferische Subjekt zu einem Zeitpunkt n einen Beweis hat, dass a wahr ist, hat es auch zu allen Zeitpunkten $m \geq n$ einen Beweis, dass a wahr ist.

(3) a ist genau dann wahr, wenn es einen Zeitpunkt n gibt, zu dem das schöpferische Subjekt einen Beweis hat, dass a wahr ist.

Dass das schöpferische Subjekt einen Beweis für eine mathematische Aussage a zu einem Zeitpunkt n hat, bedeutet im Intuitionismus nichts anderes, als dass das Sub-

---

[9]Siehe hierzu Kap. 5.
[10]Siehe hierzu Kap. 2 und 7.

jekt zur Zeit n einem mentalen Vorgang unterliegt, der die Wahrheit von a aufzeigt, oder sich an solch einen Vorgang erinnert. Das erste Axiom ist kein Satz des ausgeschlossenen Dritten für Aussagen a, es besagt lediglich, dass das Subjekt zu einem Zeitpunkt weiß, dass a wahr ist, oder dies nicht weiß. Das zweite Axiom beschreibt das schöpferische Subjekt als idealen Geist, der keinen Beweis jemals vergisst. Das dritte und vielleicht wichtigste Axiom definiert die Wahrheit einer mathematischen Aussage als deren Beweisbarkeit. Die klassische Logik sieht eine solche Identifikation von Wahrheit und Beweisbarkeit nicht vor. In der klassischen Logik hat jede Aussage a einen eindeutigen Wahrheitswert wahr oder falsch und das unabhängig davon, ob jemals ein Beweis für a oder ein Beweis für die Negation von a gefunden wird. Im Abschn. 8.3 werden wir die Unterschiede zwischen klassischer und intuitionistischer Logik, die sich aus den dargelegten metaphysischen Grundannahmen des Intuitionismus ergeben, darstellen.

8.3 Intuitionistische Logik

Wie in Abschn. 8.2 ausgeführt, ist eine mathematische Aussage im Intuitionismus genau dann wahr, wenn wir als schöpferisches Subjekt einen Beweis der Aussage haben oder haben werden. Solange wir keinen Beweis einer Aussage oder ihrer Negation gefunden haben, wissen wir nicht, dass die Aussage wahr oder falsch ist. Die Identifikation von Wahrheit und Beweisbarkeit ist für die Logik des Intuitionismus grundlegend. Die Bedeutung der Junktoren und Quantoren wird in der intuitionistischen Logik zumeist durch die Brouwer-Heyting-Kolmogorov-Interpretation (BHK-Interpretation) festgelegt.[11] Diese Interpretation wir manchmal auch Beweis-Interpretation genannt und besteht aus folgenden Bestimmungen:

Für alle mathematischen Aussagen a, b und alle mathematischen Aussageformen A gilt:

(1) Ein Beweis von $a \vee b$ ist gegeben durch einen Beweis von a oder einen Beweis von b.

(2) Ein Beweis von $a \wedge b$ ist gegeben durch einen Beweis von a und durch einen Beweis von b.

(3) Ein Beweis von $a \Rightarrow b$ ist eine Konstruktion, die uns erlaubt, jeden Beweis von a in einen Beweis von b zu überführen.

(4) Ein Widerspruch $\perp$, ist einen Aussage, die keinen Beweis hat. (Oft wird $1 = 0$ verwendet.)

(5) Ein Beweis von $\neg a$ ist ein Beweis, dass a einen Widerspruch impliziert, d. h. $a \Rightarrow \perp$.

---

[11]Siehe hierzu Troelstra and van Dalen (1988). Dem Leser, der nicht vertraut mit den Symbolen der formalen Logik ist, empfehlen wir zunächst Kap. 7 durchzulesen.

(6) Ein Beweis von ∀x : A(x) ist eine Konstruktion, die uns erlaubt, jeden Beweis
      von d ∈ D in einen Beweis von A(d) zu überführen. (D ist hierbei der Bereich,
      über den wir quantifizieren.)

(7) Ein Beweis von ∃x : A(x) besteht in der Angabe eines d ∈ D und eines Beweises
      von A(d). (D ist hierbei wieder der Bereich, über den wir quantifizieren.)

Die BHK-Interpretation der intuitionistischen Logik ist keine formale Definition,
da sie den Begriff der Konstruktion voraussetzt, aber nicht definiert. Dieser Begriff
wird tatsächlich in unterschiedlicher Weise verstanden und dies hat einen Einfluss
darauf, welche Formeln logisch evident sind. Wir gehen hierauf in Kap. 10 zum
Konstruktivismus in der Philosophie der Mathematik ein. Die intuitionistische Logik
in der BHK-Interpretation kann als Grundlage der Logik des Konstruktivismus in der
Philosophie der Mathematik verstanden werden. Manche Autoren betrachten daher
den Intuitionismus als eine Spielart des Konstruktivismus.

   Der wichtigste Unterschied zwischen klassischer und intuitionistischer Logik
besteht darin, dass der Satz des ausgeschlossenen Dritten a oder nicht a, also
a ∨ ¬a, in der intuitionistischen Logik nicht gilt. Hierfür ist nicht erheblich, wie
der Begriff der Konstruktion in obiger Definition verstanden wird. Wir möchten diesen fundamentalen Unterschied verdeutlichen. a ∨ ¬a bedeutet, gemäß der BHK-
Interpretation, dass wir einen Beweis für a oder einen Beweis dafür, dass a einen
Widerspruch impliziert, haben oder haben werden. Nun haben wir de facto für sehr
viele mathematische Aussagen weder einen Beweis noch eine Widerlegung und wissen nicht, ob wir (also das schöpferische mathematische Subjekt) für diese Aussagen
jemals einen Beweis oder eine Widerlegung haben werden. Der Intuitionismus lehnt
die Gültigkeit des Satzes vom ausgeschlossenen Dritten für solche Aussagen ab.
Als Beispiel sei hier die Goldbach'sche Vermutung genannt: Jede gerade Zahl, die
größer als 2 ist, ist Summe zweier Primzahlen. Wir haben weder einen Beweis der
Vermutung noch eine Widerlegung und es ist ungewiss, ob jemals ein Beweis der Vermutung oder eine gerade Zahl, größer als 2, die nicht die Summe zweier Primzahlen
ist, gefunden wird. Wir wissen daher nicht, ob die Goldbach'sche Vermutung in der
intuitionistischen Logik einen Wahrheitswert hat. Sollte sie unbeweisbar sein, hat sie
im Intuitionismus keinen Wahrheitswert. Der erste Unvollständigkeitssatz von Kurt
Gödel besagt weiterhin, dass es in jeder widerspruchsfreien hinlänglich starken Formalisierung der Arithmetik Aussagen gibt, die weder beweisbar noch widerlegbar
sind. Damit ist der Satz des ausgeschlossenen Dritten unter keinen Umständen in der
intuitionistischen Logik gültig. Ein weiterer Unterschied zwischen klassischer Logik
und intuitionistischer Logik besteht darin, dass die doppelte Negation einer Aussage
a in der intuitionistischen Logik die Aussage a nicht impliziert, d. h., ¬(¬a) ⇒ a
ist in der intuitionistischen Logik nicht evident. Wenn wir einen Beweis von ¬(¬a)
haben, können wir diesen nicht in einen Beweis von a überführen. Wäre dies der Fall,
so ließe sich in einer intuitionistischen Logik auch der Satz vom ausgeschlossenen
Widerspruch beweisen.

   Der Modus ponens a ∧ (a ⇒ b) ⇒ b und der Satz des ausgeschlossenen Widerspruchs ¬(a ∧ ¬a) gelten auch in einer intuitionistischen Logik. Dies ist recht leicht
zu sehen. Haben wir einen Beweis für a und lässt sich dieser in einen Beweis für

b überführen, so haben wir einen Beweis für b, also gilt der Modus ponens. Hätten wir einen Beweis für a und einen Beweis für $a \Rightarrow \bot$, so hätten wir mit dem Modus ponens einen Beweis für $\bot$, damit gilt $a \wedge \neg a \Rightarrow \bot$ und dies ist der Satz des ausgeschlossen Widerspruchs.

Es sind formale Kalküle beschrieben worden, die es erlauben, alle gültigen Formeln einer intuitionistischen Logik aus Axiomen mittels des Modus ponens herzuleiten. Ein Beispiel ist das Minimalkalkül des norwegischen Mathematikers Ingebrigt Johansson (1904–1987). Dieses Kalkül unterscheidet sich von einem Kalkül der klassischen Logik nur dadurch, dass die Beseitigungsregel für die doppelte Negation, d. h. die Ersetzung von $\neg(\neg a)$ durch a, gestrichen wird.[12] Das Standard-Kalkül der intuitionistischen Logik ersetzt die Beseitigungsregel für die doppelte Negation durch $\bot \Rightarrow a$, d. h., aus einem Widerspruch folgt jede Aussage.[13] Im Minimalkalkül gilt $\bot \Rightarrow a$ nicht. Der Begriff der intuitionistischen Logik ist in Hinsicht darauf, welches Kalkül zugrunde gelegt wird, nicht ganz eindeutig. Der Satz vom ausgeschlossenen Dritten oder die Beseitigungsregel für die doppelte Negation gelten allerdings in keinem intuitionistischen Kalkül.

Für die mathematische Praxis, die darin besteht Beweise, resp. Widerlegungen für mathematische Aussagen anzugeben, sind die oben beschriebenen Unterschiede zwischen klassischer Logik und intuitionistischer Logik gravierend. Seit den Zeiten von Euklid (3. Jh. v. Chr.), ist der Widerspruchsbeweis eine zentrale und häufig verwendete Beweistechnik. Wir nehmen die Negation der Aussage a, die wir zeigen wollen, an und leiten aus dieser einen Widerspruch ab. Da in der klassischen Logik $(\neg a \Rightarrow \bot) \Rightarrow a$ gilt, haben wir damit a bewiesen. In der intuitionistischen Logik gilt aber nur $(\neg a \Rightarrow \bot) \Rightarrow \neg(\neg a)$. Ein Widerspruchsbeweis zeigt damit nur $\neg(\neg a)$, und dies impliziert, wie oben gesagt, nicht, dass a beweisbar ist. Einen Widerspruchsbeweis einer Aussage in einen direkten Beweis zu überführen, der gemäß der intuitionistischen Logik haltbar ist, stellt sich in vielen Fällen als sehr unerquicklich dar, oder ist sogar unmöglich. Dies trifft insbesondere auf nicht konstruktive Existenzbeweise, wie etwa den Beweis des Zwischenwertsatzes der reellen Analysis zu.[14] Bei solchen Existenzbeweisen nehmen wir an, dass ein mathematisches Objekt nicht existiert und leiten daraus einen Widerspruch ab. Der Intuitionismus akzeptiert solche Beweise nicht, sondern fordert die Konstruktion des mathematischen Objekts, dessen Existenz bewiesen werden soll.

Eine weitere Beweistechnik, die vom Intuitionismus nicht akzeptiert wird, ist der Beweis der Kontraposition. Um eine Implikation $a \Rightarrow b$ zu beweisen, wird zuweilen ein Beweis der Kontraposition $\neg b \Rightarrow \neg a$ angegeben, wenn ein direkter Beweis der Implikation nicht glücken will. In der klassischen Logik gilt die Äquivalenz

$$(a \Rightarrow b) \Leftrightarrow (\neg b \Rightarrow \neg a).$$

---

[12] Siehe hierzu Johansson (1936).
[13] Siehe hierzu Kleen (1991).
[14] Siehe hierzu Lehrbücher zur Analysis.

In der intuitionistischen Logik gilt die Folgerung

$$(\neg b \Rightarrow \neg a) \Rightarrow (a \Rightarrow b)$$

jedoch nicht. Der Beweis einer Implikation durch den Beweis der Kontraposition kann also wie der Beweis durch Widerspruch in der intuitionistischen Mathematik nicht verwendet werden. Angesichts der intuitionistischen Logik zeichnen sich Eigentümlichkeiten der intuitionistischen Mathematik, von denen der Abschn. 7.4 handelt, ab.

8.4   Intuitionistische Mathematik

Die intuitionistische Mathematik unterscheidet sich von der herkömmlichen Mathematik, die durch die Prädikatenlogik und eine axiomatische Mengenlehre bestimmt ist, nicht nur im Hinblick auf die verwendete Logik. Das Verständnis sowohl der natürlichen Zahlen als auch der reellen Zahlen ergibt sich im Intuitionismus aus den zwei grundlegenden Akten des schöpferischen Subjekts und stimmt mit dem herkömmlichen Verständnis nicht überein.

In der intuitionistischen Mathematik existieren keine aktual unendlichen mathematischen Gegenstände. Ein aktual unendlicher mathematischer Gegenstand hat unendlich viele Teile, die alle zu einem gegebenen Zeitpunkt existieren. Insbesondere ist eine unendliche Menge, wie die Menge der natürlichen Zahlen, solch ein Gegenstand. Die natürlichen Zahlen sind in der intuitionistischen Mathematik potentiell unendlich. D. h., zu den natürlichen Zahlen können zwar immer neue Zahlen hinzugefügt werden, aber sie liegen niemals als Ganzes vor, da alle ihre Elemente nicht zu einem Zeitpunkt aufgeschrieben oder mental repräsentiert sein können. In diesem Sinne ist der Intuitionismus wie auch andere konstruktivistische Theorien finitistisch.[15] Obwohl der Intuitionismus die Existenz der Menge der natürlichen Zahlen leugnet, ist er trotzdem in der Lage, eine umfangreiche Arithmetik aufzubauen, da er das Prinzip der vollständigen Induktion akzeptiert. Brouwer hatte sich hiermit bereits in seiner Dissertation auseinandergesetzt und folgende intuitionistische Perspektive entwickelt:[16]

Sei $a(n)$ eine Aussage, abhängig von einer natürlichen Zahl n, und sei $a(1)$ bewiesen. Dass $a(n)$ die Aussage $a(n+1)$ impliziert, bedeutet im Intuitionismus, dass wir eine Konstruktion haben, die uns erlaubt, einen Beweis von $a(n)$ in einen Beweis von $a(n+1)$ zu überführen. Gilt dies, so haben wir eine potentiell unendliche Folge von Beweisen für die potentiell unendliche Folge von Aussagen

$$a(1), a(2), a(3), a(4)\ldots.$$

Intuitionistisch heißt dies, dass $a(n)$ für alle natürlichen Zahlen n gilt.

---

[15]Vergleiche hierzu auch Kap. 10.
[16]Siehe hierzu Brouwer (1911a).

Die intuitionistische Arithmetik enthält heute viele zentrale Resultate der herkömmlichen Arithmetik, wie etwa den Fundamentalsatz, der besagt, dass sich jede natürliche Zahl bis auf Vertauschung der Faktoren eindeutig als Produkt von Primzahlen darstellen lässt. Der Beweis dieser Resultate ist allerdings in der intuitionistischen Mathematik recht umständlich, da zwar die vollständige Induktion, aber kein Beweis durch Widerspruch verwendet werden darf.

Die Unterschiede zwischen intuitionistischer und herkömmlicher Analysis und Funktionentheorie sind wesentlich schwerwiegender als die Unterschiede im Bereich Arithmetik. Dies liegt an der intuitionistischen Konstruktion der reellen Zahlen, die auf Wahlfolgen beruht. Eine Wahlfolge ist eine potentiell unendliche Folge $a_0, a_1, a_2, \ldots$ von natürlichen Zahlen, oder anderen konstruierten mathematischen Gegenständen, die das schöpferische Subjekt durch freie Wahl sukzessive bestimmt. Die Einträge einer Wahlfolge können durch eine Regel oder einen Algorithmus bestimmt sein, sie können aber auch willkürlich, ohne irgendeiner Regel zu folgen, ausgewählt werden. Das kreative Subjekt kann auch bis zu einem beliebigen Eintrag einer Regel bei der Auswahl folgen und dann beginnen, die Einträge der Wahlfolge regellos zu wählen, oder es kann umgekehrt die Einträge erst willkürlich wählen und ab einem Eintrag beginnen, einer Regel zu folgen. In keinem Fall ist der Eintrag einer Wahlfolge durch vorhergehende Einträge bestimmt. Das Kontinuum, also die Gesamtheit aller reellen Zahlen, wird durch alle Wahlfolgen $a_0, a_1, a_2, \ldots$ bestimmt, bei denen a_0 eine frei gewählte natürliche Zahl ist und alle weiteren Einträge die Ziffern der Zahl sind, die zum Beispiel aus $\{0, 1, \ldots, 9\}$ frei gewählt werden. Wird diese Beschreibung der reellen Zahlen zugrunde gelegt, ergeben sich weitreichende Konsequenzen. Es folgt sofort, dass der Intuitionismus rationale Zahlen, deren Ziffernfolge periodisch ist, nicht von irrationalen Zahlen, deren Ziffernfolge nicht periodisch ist, unterscheiden kann, d. h., im Intuitionismus ist $x \in \mathbb{Q} \vee x \notin \mathbb{Q}$ für alle reellen Zahlen x falsch. In der intuitionistischen Mathematik können wir nicht einmal feststellen, ob eine reelle Zahl Null oder nicht Null ist. Schließlich können wir in einer Wahlfolge nach beliebig vielen Einträgen, die Null sind, einen Eintrag wählen, der nicht Null ist. Die abschnittsweise definierte Funktion f, gegeben durch

$$f(x) = \begin{cases} 1, \, x > 0 \\ 0, \, x \leq 0 \end{cases},$$

der reellen Zahlen in sich, ist in der intuitionistischen Mathematik nicht wohldefiniert. Damit die Funktion wohldefiniert ist, müssen wir entscheiden können, ob eine reelle Zahl x größer als Null oder kleiner gleich Null ist, und dies ist gemäß des Intuitionismus nicht möglich. Intuitionistisch ist die Funktion f nur auf der Menge $\{x \mid (x > 0) \vee (x \leq 0)\}$ und nicht auf den ganzen reellen Zahlen definiert. In der intuitionistischen Mathematik existiert keine reelle Funktion, die auf den ganzen reellen Zahlen oder auf einem Intervall wohldefiniert ist und einen Sprung aufweist. In der intuitionistischen Mathematik gilt daher folgender Satz:

Satz Alle Funktionen $f : \mathbb{R} \to \mathbb{R}$ sind stetig.

In der klassischen Analysis ist diese Aussage falsch. Es gibt in ihr sogar Funktionen, wie etwa die Dirchlet-Funktion

$$f(x) = \begin{cases} 1, & x \in \mathbb{Q} \\ 0, & x \notin \mathbb{Q} \end{cases},$$

die nirgendwo stetig sind. Selbstverständlich ist diese Funktion in der intuitionistischen Mathematik nicht wohldefiniert, da wir nicht entscheiden können, ob eine reelle Zahl rational ist oder nicht.

8.5 Kritik des Intuitionismus

Da unsere Kritik am Intuitionismus hart und zuweilen polemisch ausfällt, scheint uns zunächst eine Würdigung von Brouwers Lebensleistung angebracht. Brouwer hat nahezu im Alleingang und gegen erhebliche Widerstände eine eigenständige metaphysische Grundlegung der Mathematik geschaffen und eine neue Logik entworfen, die sich in ihren Grundsätzen erheblich von der klassischen Logik unterscheidet. Neben seinen großartigen fachmathematischen Leistungen nötig es uns auch Respekt ab, dass Brouwer im Grundlagenstreit der einflussreichen formalistischen Schule Hilberts entgegentrat. Brouwer kann weiterhin als einer der Väter der konstruktiven Mathematik angesehen werden, die heute ein aktives Forschungsfeld bildet. In der Philosophie der Mathematik hat Browsers Intuitionismus einen großen Einfluss auf den Konstruktivismus, der uns in Kap. 10 beschäftigt.

Nach Brouwer bildet das schöpferische Subjekt die metaphysische Grundlage der Mathematik, da es die Gegenstände der Mathematik erschafft. Wir halten diesen Ansatz für vollkommen ungeeignet eine einheitliche Grundlage der Mathematik zu konstituieren. Wir sind bereit anzunehmen, dass Brouwers Geist den zwei mentalen Vorgängen oder mentalen Akten, die er als Grundlage der Mathematik identifiziert, unterlag. Dem Geist des Autors sind diese mentalen Vorgänge allerdings fast vollkommen unbekannt. Vielleicht hat der Autor als Kind tatsächlich Zahlen durch den temporalen und sukzessiven Vorgang des Zählens geschaffen, er erinnert sich aber eher an ein kontinuierliches Fließen der Zeit. Die natürlichen Zahlen waren im Geist des Autors nie als endliche Folge, die fortgesetzt werden kann, sondern immer als Ganzes mental repräsentiert. Noch größer ist der Unterschied zwischen dem Subjekt Brouwers und dem des Autors im Hinblick auf die freie Auswahl einer Folge von mathematischen Gegenständen. Der Autor weiß nicht, ob er je eine Folge von Zahlen willkürlich ausgewählt hat, und er kann nicht von sich behaupten, dass er dazu in der Lage wäre. Würfeln hilft an dieser Stelle nicht, eine Zufallsfolge ist keine Wahlfolge. Der entscheidende Punkt ist, dass sich das schöpferische mathematische Subjekt Brouwers, des Autors und wahrscheinlich auch des Lesers möglicherweise erheblich unterscheidet. Sollten keine sprachlichen Missverständnisse vorliegen, ist dies tatsächlich der Fall. Die Annahme der Einheit oder Universalität des schöpferischen mathematischen Subjekts oder des Geistes, von der Brouwer ausgeht und die seine Metaphysik der Mathematik benötigt, ist unhaltbar. Wer oder was soll darüber entscheiden, ob die mentalen Vorgänge Brouwers, des Autors oder des Lesers diejenigen des idealen mathematischen Subjekts und damit grundlegend für die Mathematik sind?

Das zweite Problem der intuitionistischen Metaphysik liegt in der Annahme, dass das mathematische Subjekt dauerhaft ist und keinen Beweis eines mathematischen Satzes jemals vergisst. Diese Annahme ist für den Wahrheitsbegriff des Intuitionismus grundlegend. Mathematische Beweise werden selbstverständlich kulturell tradiert, dabei gerät aber manchmal ein Beweis in Vergessenheit und wird gegebenenfalls später wieder neu entdeckt. Die Erinnerungen des schöpferischen Subjekts Brouwers lassen sich daher nicht in der kulturellen Überlieferung mathematischer Sätze und Beweise aufspüren. Man muss sich wohl eher vorstellen, dass alle bisher vom schöpferischen mathematischen Subjekt gefundenen Beweise in einem dauerhaften universellen Speicher, der jenseits menschlicher Kultur existiert, enthalten sind. Dieser Speicher enthält übrigens auch einen Beweis der Goldbach'schen Vermutung, sollte eine frühe Hochkultur oder eine intelligente Lebensform auf einem Exoplaneten solch einen Beweis schon gefunden haben. Bedauerlicherweise ist uns solch ein Speicher mathematischer Beweise unbekannt und wir sind uns nicht sicher, ob sich seine Existenz überhaupt kohärent vorstellen lässt. Auf der einen Seite muss der Speicher transzendent sein, d. h. jenseits der physikalischen Raum-Zeit existieren. Auf der anderen Seite verändert er sich ständig durch neu hinzukommende Beweise. Wie dem auch sei, auf alle Fälle macht der Intuitionismus sehr starke metaphysische Annahmen, denen man skeptisch gegenüberstehen mag. In der Logik ist die Situation anders, da der Intuitionismus sich hier in Verzicht auf starke Annahmen übt. Der Zankapfel im Grundlagenstreit und der wesentliche Unterschied zwischen klassischer und intuitionistischer Logik ist, wie oben gesagt, der Satz des ausgeschlossenen Dritten, den die intuitionistische Logik nicht akzeptiert. Hierzu ein Zitat von David Hilbert: *Dieses Tertium non datur dem Mathematiker zu nehmen, wäre etwa, wie wenn man dem Astronomen das Fernrohr oder dem Boxer den Gebrauch der Fäuste untersagen wollte.*[17] Ohne sein Verhalten im Grundlagenstreit gutzuheißen, möchten wir uns Hilbert hier anschließen. Der Satz des ausgeschlossenen Dritten ist in der mathematischen Praxis, Beweise für Sätze aufzustellen, ein überaus nützliches Mittel. Es müsste gewichtige Gründe geben, um uns dazu zu bewegen, auf dieses Mittel zu verzichten. Dies wäre mit Sicherheit der Fall, wenn aus der klassischen Logik ein Widerspruch ableitbar wäre, der durch den Verzicht auf das Tertium non datur vermieden werden könnte. Ein Satz von Kurt Gödel zeigt aber, dass dies nicht möglich ist, ist die klassische Logik inkonsistent, so gilt dies auch für die intuitionistische Logik.[18] Wäre die Identifikation von Wahrheit und Beweisbarkeit, die der Intuitionismus vorschlägt, die einzig mögliche Erläuterung des Begriffs der Wahrheit mathematischer Aussagen, so sähen wir uns wohl auch dazu gezwungen, auf den Satz des ausgeschlossenen Dritten zu verzichten. Dies ist allerdings

---

[17]Siehe hierzu Hilbert (1928).
[18]Siehe hierzu Gödel (1933).

nicht der Fall. Gemäß einer Korrespondenztheorie der Wahrheit, ist eine mathematische Aussage genau dann wahr, wenn sie mit den mathematischen Tatsachen übereinstimmt. Legen wir eine solche Theorie zugrunde, gilt offenbar der umstrittene Satz des ausgeschlossenen Dritten. Eine Korrespondenztheorie der Wahrheit legt eine realistische Metaphysik der Mathematik nahe, und sie mag uns dazu verpflichten, anzunehmen, dass es mathematische Tatsachen jenseits des erkennenden Subjekts gibt. Ob diese Tatsachen mentaler, formaler, idealler oder physikalischer Art sind, ist für eine Korrespondenztheorie der Wahrheit jedoch nicht erheblich, in diesem Sinne ist sie metaphysisch offen. Nur ein starker Skeptizismus in Bezug auf die mathematische Realität jenseits des Subjekts kann dazu nötigen, sich dem Joch intuitionistischer Logik zu unterwerfen, die manch einen Beweis elementarer Aussagen der Arithmetik erheblich erschwert.

Dass die intuitionistische Mathematik die Existenz der Menge der natürlichen Zahlen im Sinne der Peano-Axiome, ablehnt, befremdet uns. Eine Vorstellung oder mentale Repräsentation aller natürlichen Zahlen zu entwickeln, fällt uns erheblich leichter als die mentale Repräsentation einer langen, aber endlichen Anfangsfolge wie etwa

$$1, 2, 3, 4, \ldots, 73^{9123} - 1, 73^{9123}$$

der natürlichen Zahlen. Selbst der Vorstellung von kurzen Folgen wie $1, 2, 3, 4, 5$ wohnt eine gewisse mentale Willkür inne, warum endet die Folge bei 5 und nicht bei 4 oder 3? Um es poetisch auszudrücken, jedem Ende wohnt eine Willkür inne. Da der Intuitionismus vom mathematischen Subjekt ausgeht, sollte er, unsere mentale Disposition vorausgesetzt, mit der Existenz der Menge der natürlichen Zahlen kein Problem haben. Unserer Auffassung nach handelt es sich bei den natürlichen Zahlen um die vielleicht elementarste und einfachste Vorstellung des mathematischen Subjekts. Es fällt uns leichter nachzuvollziehen, wenn ein Finitismus in der Philosophie der Mathematik aus Sorge um die formale Konsistenz der Peano-Arithmetik vertreten wird. Wir gehen hierauf im Kap. 9 genauer ein.

Unser Unbehagen mit der intuitionistischen Konstruktion der reellen Zahlen ist noch größer als unser Befremden in Bezug auf die intuitionistische Arithmetik. Erst einmal möchten wir Zweifel daran anmelden, dass sich die Wahlfolgen des Intuitionismus überhaupt kohärent vorstellen bzw. bestimmen lassen. Sollte ein mathematisches Subjekt dazu in der Lage sein, beschrieben sie aber mit Sicherheit nicht die reellen Zahlen und wohl auch keinen anderen Zahlenbereich. Die vortheoretische Vorstellung der reellen Zahlen liegt in der kontinuierlichen Geraden, deren Punkte reelle Zahlen sind und in der zwei verschiedene Punkte als 0 und 1 ausgezeichnet werden. Jede adäquate Theorie der reellen Zahlen sollte dieser Vorstellung, wenn möglich, gerecht werden und klassische Konstruktionen der reellen Zahlen etwa durch Dedekind'sche Schnitte oder Cauchyfolgen tun dies. Die intuitionistische Theorie erlaubt nicht zu entscheiden, ob eine beliebige reelle Zahl 0 ist oder auf der Seite mit 1 von 0 oder auf der anderen Seite liegt. Da diese Trichotomie in der intuitionistischen Konstruktion der reellen Zahlen nicht gilt, kann sie nicht als angemessene Beschreibung der reellen Zahlen betrachtet werden. Von jedem Zahlenbereich erwarten wir, dass genau eine Zahl als Einheit 1 ausgezeichnet ist und sich entscheiden lässt, ob eine gegebene Zahl die Einheit oder nicht die Einheit ist. Selbst dies kann eine Konstruktion mittels Wahlfolgen nicht gewährleisten. Wir sind daher der Überzeugung, dass der intuitionistische Versuch, eine Theorie der reellen Zahlen zu entwickeln, als gescheitert angesehen werden muss. Es entbehrt nicht gewisser Ironie, dass gerade der Intuitionismus in der Philosophie der Mathematik unseren mathematischen Grundintuitionen nicht gerecht wird.

Formalismus

9

Inhaltsverzeichnis

9.1   Formale Systeme

Formeln sind nicht nur Instrument der Formalisierung mathematischer Theorien, sondern auch die Grundlage des Formalismus in der Philosophie der Mathematik. Eine Formel ist eine endliche Aneinanderreihung primitiver Symbole aus einem Alphabet. Primitive Symbole sind wohlunterschiedene und eindeutig identifizierbare Zeichen, die sich physikalisch etwa durch Tintenstriche auf einem Blatt Papier oder auch Bytes in einem digitalen Speichermedium repräsentieren lassen. In der Philosophie der Mathematik werden Symbole und Formeln nicht als abstrakte Gegenstände, die der physikalischen Raumzeit entzogen sind, sondern als quasi konkrete Gegenstände, die sich konkret repräsentieren lassen, angesehen. Zum Beispiel sind □, § und ♠ Symbole und §§□♠□♠ ist eine Formel. Je nachdem, welche Ausgabe dieses Buches der Leser hat, handelt es sich hier um eine Repräsentation der Symbole durch Druckerschwärze auf Papier oder Pixel auf einem Bildschirm.

Eine formale Sprache besteht aus einem Alphabet von primitiven Symbolen und einer Grammatik, die festlegt, welche Formeln wohlgeformt und damit zulässig sind. Die umfangreichste Grammatik lässt alle endlichen Folgen von Symbolen als wohlgeformte Formel zu. Ein formales System besteht aus vorgegebenen Formeln einer formalen Sprache, den Axiomen und Regeln, die es erlauben, aus gegebenen Formeln weitere Formeln zu bilden; dies sind die Schlussregeln des Systems. Schlussregeln sind Relationen, die festlegen, in welchem Fall eine wohlgeformte Formel A aus

© Springer-Verlag GmbH Deutschland, ein Teil von Springer Nature 2021
J. Neunhäuserer, *Einführung in die Philosophie der Mathematik*,
https://doi.org/10.1007/978-3-662-63714-2_9

gegebenen wohlgeformten Formeln $B_1, \ldots, B_n$ ableitbar ist; man schreibt hier für üblicherweise $B_1, \ldots, B_n \vdash A$. Eine wohlgeformte Formel A ist in einem vorgegebenen formalen System $\mathfrak{F}$ aus den Axiomen ableitbar, genau dann, wenn die Formel durch eine endliche Folge von Anwendungen der Schlussregeln aus den Axiomen gebildet werden kann; man schreibt hierfür $\mathfrak{F} \vdash A$. Beispiele formaler Systeme sind etwa Kalküle der klassischen Logik oder der intuitionistischen Logik.[1] Formale Systeme und insbesondere logische Kalküle sind für sich genommen rein syntaktisch, ihre Formeln haben keine Bedeutung. Formeln stellen innerhalb eines formalen Systems keine Aussagen dar, sie beziehen sich nicht auf die Welt jenseits des formalen Systems und haben keinen Wahrheitswert. Man kann nur davon sprechen, dass eine Formel ableitbar oder nicht ableitbar ist. Wir können ein formales System als ein Spiel mit Symbolen nach festgelegten Regeln verstehen. Eine Formel ist in dieser Analogie ein Spielstand und ableitbare Formeln sind die Spielstände, die im Verlauf des Spiels auftreten können. Formale Systeme sind prinzipiell in einer geeigneten Programmiersprache auf einem Computer implementierbar. Wir speichern zunächst eine digitale Repräsentation der Axiome und schreiben ein Programm, das auf eine gespeicherte Menge von Formeln alle Schlussregeln anwendet und die entstehenden Formeln, zusammen mit den schon erzeugten Formeln, abspeichert. Von besonderer Bedeutung sind entscheidbare formale Systeme. Für diese gibt es einen Algorithmus, der in endlich vielen Schritten entscheidet, ob eine gegebene Formel wohlgeformt und ableitbar ist. Damit können wir den Status einer Formel in einem entscheidbaren formalen System in endlicher (aber möglicherweise sehr langer) Zeit durch ein Computerprogramm feststellen.[2]

Die Formalisierung axiomatischer mathematischer Theorien durch formale Systeme ist ein wichtiges Instrument der modernen Mathematik. Das Vorgehen hierbei ist wie folgt: Zunächst wird eine hinlänglich starke formale Sprache angegeben, in der sich die Axiome einer mathematischen Theorie formulieren lassen. Diese besteht typischerweise aus Symbolen für Konstanten, Variablen und gewissen Relationen sowie logischen Symbolen. Dann werden die Axiome und Definitionen der mathematischen Theorie durch Formeln dieser Sprache dargestellt. Desweiteren werden geeignete Schlussregeln angegeben, die es erlauben, die Formeln der Theorie aus den Axiomen abzuleiten. Zumeist werden die Schlussregeln der klassischen Prädikatenlogik verwendet, mitunter finden aber auch andere logische Kalküle, wie etwa das der intuitionistischen Logik, Verwendung. Unserer Auffassung nach ist die Formalisierung einer mathematischen Theorie geglückt, wenn korrekt abgeleitete Formeln als Aussagen interpretiert werden können, die wahr sind, wenn die Axiome wahr sind. Geglückte Formalisierungen liegen zum Beispiel für die Zahlentheorie, bestimmt durch die Peano-Axiome, die mathematische Analysis, bestimmt durch den

---

[1] Vergleiche hierzu die Darstellungen in den Kap. 7 und 8.
[2] Wir geben Beispiele entscheidbarer formaler Systeme im Zusammenhang mit Hilberts Programm im Abschn. 9.3 an. Weitere Informationen zu formalen Systemen findet der Leser zum Beispiel in Kleen (1991).

Hilbert-Bernay-Formalismus oder die Mengenlehre im Sinne des Axiomensystems von Zermelo und Fraenkel vor.[3]

Der Nutzen der Formalisierung einer mathematischen Theorie besteht darin, dass die Voraussetzungen der Theorie eindeutig zu identifizieren sind, womit Missverständnisse, die bei der Kommunikation der Theorie entstehen, ausgeräumt werden können. Werden die Beweise einer Theorie formalisiert, lassen sie sich Schritt für Schritt prüfen, um eventuelle Fehlschlüsse aufzuspüren. Formalisierte Beweise von Sätzen einer mathematischen Theorie können auch durch den Einsatz von Computerprogrammem, die das formale System der Theorie repräsentieren, geprüft werden. Haben wir eine effektive Formalisierung einer mathematischen Theorie, ist es grundsätzlich sogar möglich, Beweise für Vermutungen mithilfe von Computerprogrammen zu finden. Derzeit reicht in den meisten Fällen hierfür die Effektivität der verwendeten Algorithmen bzw. die vorhandene Rechenleistung nicht aus. Vielleicht werden eines Tages Quantencomputer Beweise für mathematische Vermutungen finden, die von Menschen noch nicht gefunden wurden. Eine effiziente Beweismaschine, auf der formale Systeme implementiert sind, wäre ein nützliches Instrument, da es oftmals zeitaufwendig und nervenaufreibend ist, einen Beweis für eine mathematische Vermutung aufzuspüren. Auch wenn solch eine Maschine gebaut wird, bliebe für einen forschenden Mathematiker immer noch die Aufgabe, nützliche oder schöne mathematische Objekte zu definieren und Vermutungen über deren Eigenschaften zu formulieren. Dem reinen Mathematiker geht es dabei um die Schönheit mathematischer Objekte und dem angewandten Mathematiker in interdisziplinärer Zusammenarbeit um deren Nützlichkeit. Dem lernenden und lehrenden Mathematiker käme weiterhin die Aufgabe zu, Beweise zu verstehen, sie gefällig aufzuarbeiten und sein Verständnis Studenten zu vermitteln. Wir sind davon überzeugt, dass keine Maschine diese Aufgaben übernehmen kann.

9.2   Die formalistische Position

Dass sich viele mathematische Theorien erfolgreich formalisieren lassen und dass solche Formalisierungen nützlich sind, scheint heute nicht umstritten zu sein. Die formalistische Position in der Philosophie der Mathematik geht jedoch wesentlich weiter. Grob ausgedrückt, behauptet der Formalismus:

Mathematik ist die Wissenschaft formaler Systeme, die gesamte Mathematik ist formalisierbar.

Die These kann in unterschiedlicher Weise ausgelegt werden. Ein radikaler Formalismus, der in der englischsprachigen Literatur unter dem Begriff *game formalismus* firmiert, behauptet, dass es keine mathematischen Aussagen gibt, die eine Bedeutung

---

[3] Siehe Abschn. 7.4 zur Peano-Arithmetik, Hilbert und Bernays (1934/1939) zum Formalismus der Analysis und den Anhang (Kap. 14) zu einer Einführung in die axiomatische Mengenlehre.

haben und denen ein Wahrheitswert zukommt, die also wahr oder falsch sein können. Die Sätze der Mathematik sind Formeln und nichts weiter als Formeln, die sich im Spiel mit formalen Systemen durch Anwendung von Regeln ergeben. Die Begriffe der Mathematik wie Mengen, Relationen, Funktionen, Zahlen, usw. beziehen sich nicht auf Gegenstände, sondern ihre Bedeutung besteht alleine in ihrer Verwendung in einem formalen System. Ein radikaler Formalismus findet sich zum Beispiel bei Wittgenstein, bei Carnap und bei Quine, wir gehen hierauf in Abschn. 8.3 genauer ein.

Ein moderner Formalismus stimmt mit einem radikalen Formalismus darin überein, dass die Sätze der Mathematik innerhalb von formalen Systemen bedeutungslos sind und keinen Wahrheitswert haben. Er nimmt aber zusätzlich an, dass Aussagen der Form

Der Satz, repräsentiert durch die Formel A, lässt sich im formalen System $\mathfrak{F}$ herleiten bzw. nicht herleiten,

Teil der Mathematik sind. Die Formel $\mathfrak{F} \vdash A$ repräsentiert damit eine mathematische Aussage und je nachdem, ob es eine Herleitung der Formel A im formalen System $\mathfrak{F}$ gibt oder nicht gibt, ist die Aussage wahr oder falsch. Betrachten wir als Beispiel das Bertrand'sche Postulat:

Zu jeder natürlichen Zahl gibt es eine Primzahl, die größer als diese Zahl, aber kleiner gleich ihr Doppeltes ist.

Im üblichen zeitgenössischen logisch-mengentheoretischen Formalismus wird dieser Satz wie folgt formalisiert:

$$\forall n \in \mathbb{N} \, \exists p \in \mathbb{P} : n < p \leq 2n \quad (A).$$

Gemäß der formalistischen Philosophie der Mathematik hat das Bertrand'sche Postulat bzw. obige Formel keine Bedeutung und keinen Wahrheitswert. Betrachten wir jedoch die Aussage:

In der axiomatischen Mengenlehre von Zermelo und Fraenkel, zusammen mit dem Kalkül einer klassischen Prädikaten-Logik ($\mathfrak{ZF}$), lässt sich die Formel A herleiten; formal $\mathfrak{ZF} \vdash A$,

hat diese gemäß eines modernen Formalismus den Wahrheitswert wahr, d. h., eine entsprechende Herleitung ist bekannt. Dieser Ansatz in der Philosophie der Mathematik wird auch als Formalismus mit einer meta-mathematischen Theorie bzw. mit einer Beweistheorie bezeichnet. Eine solche formalistische Position wurde zum ersten Mal von dem amerikanischen Mathematiker und Logiker Haskell Curry (1900–1982) konsequent entwickelt.[4] Wie der radikale Formalismus weist auch ein moder-

---

[4]Siehe hierzu Curry (1941).

ner Formalismus im Sinne von Curry die Frage, worauf sich die Sätze mathematischer Theorien, wie der Mengenlehre, der Zahlentheorie oder der Analysis, beziehen, zurück. All diese Theorien manipulieren Formeln und nichts weiter. Die Aussagen der Metatheorie, die zu jeder mathematischen Theorie existiert, beziehen sich allerdings auf Tatsachen und zwar auf die Ableitbarkeit einer Formel in einem formalen System.

In der Philosophie der Mathematik finden sich neben dem radikalen Formalismus und dessen Erweiterung um eine Beweistheorie auch noch differenzierte Spielarten. Diese behaupten üblicherweise, dass sich die Begriffe und Sätze der höheren Mathematik, wie zum Beispiel der Analysis, nicht auf Gegenstände beziehen, sondern nur ein formales Hilfsmittel sind. Die Sätze der elementaren Mathematik, wie etwa der Arithmetik, sollen aber gehaltvoll sein und sich auf formale Objekte beziehen. Wo in diesem Zusammenhang die Grenze zwischen höherer und elementarer Mathematik gezogen wird, ist nicht eindeutig bestimmt. Der prominenteste Vertreter eines ausgefeilten differenzierten Formalismus war fraglos David Hilbert (1862–1943). Für Hilbert sind endliche mathematische Objekte konkret und die Sätze der finiten Mathematik beziehen sich auf diese. Unendliche mathematische Objekte existieren jedoch nicht und die Begriffe und die Sätze der transfiniten Mathematik werden von Hilbert im Sinne einer radikal formalistischen Philosophie verstanden. Wir gehen auf das formalistische Programm Hilberts und das Problem der Widerspruchsfreiheit formaler System, das für Hilberts Philosophie von großer Bedeutung ist, im Abschn. 9.4 ein.

9.3   Radikaler Formalismus

Im 19. Jahrhundert wurden radikale formalistische Positionen eher von Mathematikern wie Eduard Heine (1821–1881) und Johannes Thomae (1840–1921) als von Philosophen vertreten. Der Philosoph und Logiker Gottlob Frege (1848–1925) setzt sich in seinem Werk *Grundgesetze der Arithmetik (1903)* mit diesen Ansätzen auseinander und stellt fest, dass es sich bei ihnen weder um eine einheitliche noch um eine konsistente Position in der Philosophie der Mathematik handelt.[5]

In seinem Werk *Tractatus logico-philosophicus 1921* versucht sich der österreichische Philosoph Ludwig Wittgenstein (1889–1951), neben manch anderem, in der Entwicklung einer formalistischen Philosophie der Mathematik.[6] Mathematische Sätze besitzen nach Wittgenstein keinen Wahrheitswert, nur Aussagen, die kontingent, d. h. nicht notwendig sind, soll ein Wahrheitswert zukommen. Die Mathematik ist für Wittgenstein ein Kalkül, das keine Gedanken über die Welt, wie sie ist, ausdrückt, sondern nur ein formales Instrument. Wittgenstein versucht im Traktatus aufzuzeigen, dass die Grundlage der Arithmetik die Formen des Gebrauchs der natürlichen Sprache sind. Er führte Operationen als Abbildungen von Aussagen in einer

---

[5]Siehe Frege (1893).
[6]Siehe Wittgenstein (2003).

nicht-mathematischen Sprache auf Aussagen in dieser Sprache ein und versteht die
natürlichen Zahlen als Exponenten dieser Operationen. Die Exponenten der Operation beschreiben hierbei die Wiederholung der Operation bzw. der Abbildung.[7]
Wittgensteins Formalismus erlaubt bestenfalls die Definition einer sehr rudimentären Arithmetik. Schon die Definition der Addition und Multiplikation natürlicher
Zahlen setzt in seinem Formalismus implizit das Prinzip der vollständigen Induktion, bzw. rekursiven Definition voraus. Dieses Prinzip wird im Traktatus weder
formalisiert noch thematisiert. In Wittgensteins späterem Werk findet sich die
Behauptung, dass alles in der Mathematik Algorithmus und nichts Bedeutung ist.[8]
Diese These kann als Credo eines radikalen Formalismus in der Philosophie der
Mathematik verstanden werden. Wittgensteins Versuch der Formalisierung der Arithmetik ist jedoch unhaltbar.

Der Einfluss von Wittgensteins Werk auf die Philosophie des 20. Jahrhunderts ist
erstaunlich groß. Zuerst ist hier die Bezugnahme der modernen Sprachphilosophie
auf Wittgenstein zu nennen. Manche Autoren sprechen sogar von einer linguistischen Wende in der modernen Philosophie, die auf das Werk von Wittgenstein
zurückzuführen sei.[9] Von größerer Bedeutung für die Philosophie der Mathematik
ist der logische Positivismus, der sich ebenfalls auf Wittgenstein beruft. Die Philosophie des logischen Positivismus wurde maßgeblich durch den Wiener Kreis,
einer Gruppe von Philosophen, Logikern und anderen Wissenschaftlern, die sich
von 1924 bis 1936 regelmäßig an der Universität Wien trafen, geprägt. Prominente
Vertreter des logischen Positivismus waren Rudolf Carnap (1891–1970), Herbert
Feigl (1902–1988), Moritz Schlick (1882–1936), Hans Reichenbach (1891–1953)
und manch andere. Auf den ersten Blick wirkt die Philosophie der Mathematik im
logischen Positivismus nicht formalistisch. Mathematische Sätze werden als analytisch, also wahr aufgrund der Bedeutung der verwendeten Begriffe, bezeichnet.
Betrachten wir aber Carnaps Prinzip der Toleranz in der Logik, ändert sich dieser
Eindruck.[10] Nach Carnap gibt es in der Logik keine Moral, jeder ist frei, seine eigene
Logik, d. h. sein eigenes formales System, zu entwerfen und zu nutzen, gerade so wie
es ihm gefällt. Diese Position ist eindeutig formalistisch. Jedes formale Kalkül ist
nach Carnap Bestandteil der Mathematik, sogar dann, wenn es inkonsistent ist und zu
Widersprüchen führt. Dadurch, dass die Bedeutung mathematischer Begriffe im logischen Positivismus heruntergespielt oder ignoriert wird, stellt sich die ontologische
Frage, worauf sich diese Begriffe beziehen, für einen Positivisten nicht. Dies ist ein
Kennzeichen der radikalen Abkehr des Positivismus von jedweder metaphysischen
Stellungnahme. Das einzige Kriterium für die Qualität einer mathematischen Theorie ist im Positivismus ihre praktische Nützlichkeit. Hier stellt sich die Frage, wie
Formeln ohne Bedeutung in den empirischen Wissenschaften angewendet werden
können, um so ihre Nützlichkeit unter Beweis zu stellen. Carnap scheint sich dieses

---

[7]Hier sind die Punkte 6,02 bis 6,241 in Wittgenstein (2003) relevant.
[8]Siehe Wittgenstein (1975).
[9]Der Begriff linguistische Wende soll auf den österreichischen Philosophen Gustav Bergmann
(1906–1987) zurückgehen, der auch Mitglied des Wiener Kreises war.
[10]Siehe hierzu *Logische Syntax der Sprache* in Carnap (1934).

Problems bewusst zu sein. Er schlägt vor eine Struktur zu entwerfen, die den Formalismus der logisch-mathematischen Kalküle mit einem logizistischen System, wie es von Frege entworfen wurde, zu vereinigen und damit den Ansprüchen von Formalismus und Logizismus im gleichen Maße gerecht zu werden.[11] Die Beschreibung einer solchen Struktur bleibt Carnap jedoch schuldig, was uns nicht wundert. Es erscheint mindestens schwierig, wenn nicht gar unmöglich, die logizistische Grundannahme, dass mathematische Sätze logische Wahrheiten sind, mit dem formalistischen Prinzip der Toleranz in der Logik, zu vereinbaren. Die genaue positivistische Position in der Philosophie der Mathematik bleibt unserer Auffassung nach zwischen einem Formalismus und einem Logizismus unbestimmt.

Einer der produktivsten und einflussreichsten US-amerikanischen Philosophen des 20. Jahrhunderts war Willard Van Orman Quine (1908–2000), der in engem Kontakt zu den logischen Positivisten stand, sich aber deutlich gegen deren Philosophie wendet. Quine kritisierte den Begriff der analytischen Wahrheit, der für den logischen Positivismus fundamental ist. Er hält die Unterscheidung zwischen Sätzen, die wahr aufgrund der Bedeutung der verwendenten Ausdrücke sind, und Sätzen, die eine Behauptung über die Welt machen, für ein unhaltbares Dogma. Nach Quine ist kein Satz gegen eine empirische Widerlegung gefeit. In seinem frühen Werk radikalisiert Quine den Formalismus in der Philosophie der Mathematik, indem er jede Bezugnahme auf logisch-analytische Wahrheiten vermeidet. Quine vertritt zu dieser Zeit einen Nominalismus, d. h., er leugnet die Existenz aller abstrakten Gegenstände.

Der Artikel *Steps towards a constructive nominalism (1947)* von Quine und dem US-amerikanischen Philosophen Nelson Goodman (1906–1998) kann als Manifest des radikalen Formalismus verstanden werden.[12] Die Sätze der Mathematik sollen nichts anderes als Zeichenketten sein, die keine Aussage machen und denen kein Wahrheitswert zukommt. Goodman und Quine vergleichen die Sätze der Mathematik mit den Kugeln eines Abakus, die zwar als Rechenhilfe dienen können, bei denen sich aber die Frage nach Bedeutung und Wahrheit nicht stellt. Zeichen werden nach Goodman und Quine nicht nur durch konkrete physikalische Objekte repräsentiert, sondern sie sind solche Objekte! Hieraus folgt, dass es für Quine nur endlich viele Zeichen und aus ihnen gebildete Formeln gibt. Mathematische Regeln sind rein syntaktischer Natur, sie geben an, wie aus konkreten physikalischen Zeichenketten neue Zeichenketten gewonnen werden können. Betrachten wir die Analogie zwischen der Mathematik und einem Abakus, entsprechen die Möglichkeiten, die Perlen des Abakus zu verschieben, den syntaktischen Regeln.

Es ist bemerkenswert, dass sich Quine in seinem späteren Werk vom Nominalismus und radikalen Formalismus distanziert und einen Naturalismus in Bezug auf abstrakte Objekte entwickelt, siehe hierzu Kap. 12.

---

[11] Siehe hierzu auch Kap. 7.
[12] Siehe hierzu Goodman und Quine (1947).

9.4   Hilberts Formalismus

Wesentliche Impulse für die Formalisierung der Mathematik gingen von dem deutschen Mathematiker David Hilbert (1862–1943) und seinen Assistenten Paul Bernay (1888–1977) und Gerhard Gentzen (1909–1945) an der Universität Göttingen aus. Hilbert entwickelte eine differenzierte formalistische Philosophie der Mathematik, die auf der Unterscheidung der finiten von der transfiniten Mathematik basiert. Grob gesprochen, beschäftigt sich die finite Mathematik nur mit endlichen, die transfinite Mathematik jedoch mit unendlichen mathematischen Objekten. Die Aussagen der finiten Mathematik sind nach Hilbert gehaltvoll und nicht bedeutungslos, da sie sich auf Zeichen beziehen. Zeichen sind für Hilbert unmittelbar intuitiv gegebene diskrete Objekte, die vor jedem Gedanken und damit jenseits der Logik existieren. In Hilberts Philosophie der Mathematik sind Zeichen keine physikalischen Gegenstände, da wir sie unabhängig von Raum und Zeit eindeutig identifizieren können. Sie sind aber genauso wenig mentale Konstruktionen, da ihre Eigenschaften objektiv sind und nicht durch das erkennende Subjekt konstituiert werden. Zuletzt würde Hilbert wohl auch die Vorstellung ablehnen, dass es sich bei Zeichen um platonische Ideen handelt, da Zeichen nicht abstrakt, sondern konkret sind. Wir haben den Eindruck, dass Hilbert die Existenz einer ontologisch eigenständigen Klasse von formalen Objekten, die nicht auf andere Objekte reduzierbar sind, unterstellt.

Die transfinite Mathematik wird von Hilbert im Sinne einer radikal formalistischen Philosophie verstanden. Ihre Sätze sind nichts weiteres als Formeln und die Beweise dieser Sätze sind Ableitungen von Formeln aus Formeln nach eindeutig bestimmten Regeln. In Bezug auf die transfinite Mathematik entwickelt Hilbert auch eine instrumentalistische Perspektive. Die transfinite Mathematik dient dem Zweck, konzeptionelle und einfache Beweise für Sätze der realen finiten Mathematik anzugeben.[13]

Welche mathematischen Konzepte und Methoden Teil der finiten Mathematik sind, wird von Hilbert nicht eindeutig bestimmt und wird bis heute diskutiert. Zumeist wird davon ausgegangen, dass die primitiv rekursive Arithmetik (PRA) Teil der finiten Mathematik ist.[14] Umstritten ist allerdings, ob die PRA die finite Mathematik vollständig beschreibt. Die PRA stellt eine Formalisierung der natürlichen Zahlen dar, die im Gegensatz zur Peano-Arithmetik nur die klassische Aussagenlogik und keine Prädikatenlogik verwendet, also ohne Quantoren auskommt.[15] Die Axiome der PRA sind zum einen die Tautologien der Aussagenlogik und zum anderen die Beschreibung der Identität als Äquivalenzrelation. Hinzu kommen Axiome, die primitive rekursive Funktionen beschreiben und die Substitution von Variablen erlauben. In der PRA gilt insbesondere eine Regel, die das Prinzip der vollständigen Induktion ohne die Verwendung von Quantoren formalisiert. Wir können in der PRA

---

[13]Hilberts philosophische Gedanken finden sich insbesondere in Hilbert (1922, 1928, 1931), siehe auch Hilbert (1935).
[14]Siehe hierzu Curry (1941).
[15]Vergleiche hierzu auch Kap. 7.

die Formel $\phi(0) \wedge (\phi(x) \Rightarrow \phi(N(x)))$ durch $\phi(y)$ ersetzen, wobei ϕ eine beliebige Formel mit einer Variablen ist.

Das Ziel von Hilberts in den 20er-Jahren entwickeltem formalistischen Programm war es, alle mathematischen Theorien zu formalisieren und mit finiten Methoden nachzuweisen, dass diese Formalisierungen vollständig, widerspruchsfrei und entscheidbar sind. Das heißt, dass alle wahren Sätze der formalisierten Theorie beweisbar, also formal aus den Axiomen ableitbar sind, dass sich aus den Axiomen keine Sätze ableiten lassen, die sich widersprechen, und dass es ein Verfahren gibt, festzustellen, ob ein Satz ableitbar ist. Des Weiteren wollte Hilbert zeigen, dass sich jeder Satz der realen finiten Mathematik, der sich mit transfiniten Methoden beweisen lässt, auch mit finiten Methoden beweisbar ist. Das Problem, die Widerspruchsfreiheit der Zahlentheorie mit finiten Methoden zu beweisen, legte Hilbert bereits 1900 auf dem Internationalen Mathematikerkongress der Öffentlichkeit, als eines der 23 größten Probleme der Mathematik, vor.

Hilberts Programm kann in seiner allgemeinen Form heute als gescheitert angesehen werden. Gödels erster Unvollständigkeitssatz zeigt, dass jedes formale System, das stark genug ist, die elementare Arithmetik zu formalisieren, entweder widersprüchlich oder unvollständig ist. Gödels zweiter Unvollständigkeitssatz zeigt, dass ein solches formales System die eigene Widerspruchsfreiheit nicht beweisen kann.[16] Aus den Unvollständigkeitssätzen folgt, dass sich die Vollständigkeit und Widerspruchsfreiheit der Peano-Arithmetik nicht mit Methoden der finiten Mathematik, im Sinne einer primitiv rekursiven Arithmetik, beweisen lässt. Das Gleiche gilt auch für die Analysis, bestimmt durch den Hilbert-Bernays-Formalismus, und die Mengenlehre im Sinne des Axiomensystems von Zermelo und Fraenkel. Weiterhin haben die Logiker Alan Turing (1912–1954) und Alonzo Church (1903–1995) in den 30er-Jahren unabhängig voneinander gezeigt, dass es keinen Algorithmus gibt, der für jeden Satz der Zahlentheorie in endlich vielen Schritten bestimmt, ob er aus den Peano-Axiomen herleitbar ist oder nicht.[17] Zuletzt sei auch noch angemerkt, dass wir mittlerweile Sätze der elementaren Zahlentheorie kennen, die sich mithilfe von transfiniten Ordinalzahlen beweisen lassen, aber in der Peano-Arithmetik nicht beweisbar sind.[18]

Was von Hilberts Programm bleibt, ist Gentzens Beweis der Widerspruchsfreiheit der Peano-Arithmetik. Dieser Beweis legt eine primitiv rekursive Arithmetik, erweitert um das Prinzip der transfiniten Induktion, zugrunde.[19] Wir sind überrascht, festzustellen, dass der Beweis von manchen als finitistisch akzeptiert wird, obwohl er transfinite Ordinalzahlen verwendet, die unserer Auffassung nach nicht Teil der finiten Mathematik sind. Weitere Fortschritte, die im Sinne von Hilberts Programm sind, finden sich in Bezug auf die Entscheidbarkeit mathematischer Theorien. Es hat sich gezeigt, dass nicht alle mathematischen Theorien unentscheidbar sind, für manche Theorien wurden Algorithmen gefunden, die feststellen, ob ein Satz ableitbar ist oder

---

[16]Siehe hierzu Gödel (1940).
[17]Siehe hierzu Church A. (1936) und Turing (1936).
[18]Siehe Kap. 1 in Neunhäuserer (2015).
[19]Siehe Gentzen (1936).

nicht. Zu diesen Theorien gehören eine Arithmetik ohne Multiplikation (Presburger-Arithmetik), die analytische, die Euklidische und die hyperbolische Geometrie, die Theorie der kommutativen Gruppen sowie eine eingeschränkte Mengenlehre.[20]

Zusammenfassend halten wir fest, dass Hilbert in Bezug auf finite Mathematik Realist war, wobei der Gegenstandsbereich der finiten Mathematik aus Folgen von Zeichen besteht und insofern rein formaler Natur ist. Die Widerspruchsfreiheit des realen finiten Teils der Mathematik hält Hilbert für selbstverständlich. In Bezug auf die transfinite Mathematik nimmt Hilbert eine radikal formalistische Haltung ein. Da sich die transfinite Mathematik nicht auf Gegenstände bezieht, ist Hilbert um die Widerspruchsfreiheit und nicht um die Wahrheit der transfiniten Mathematik besorgt. Wir wissen heute, dass diese Sorge mit den Methoden der finiten Mathematik nicht auszuräumen ist.

9.5   Kritik des Formalismus

Obwohl wir den Wert der Formalisierung der modernen Mathematik anerkennen, sind wir der Auffassung, dass eine formalistische Philosophie der Mathematik verfehlt ist. Mathematische Theorien bestehen aus Aussagen; Axiome sind Aussagen, Definitionen sind Aussagen und mathematische Sätze sind Aussagen. Aussagen haben eine Bedeutung und ihnen kann ein Wahrheitswert zukommen.[21] Die philosophische Frage, worin die Bedeutung mathematischer Aussagen besteht, worauf sich diese beziehen und in welchem Sinne mathematische Aussagen wahr bzw. falsch sind, ist gewiss schwer zu beantworten; diese Frage zu ignorieren ist aber keine vernünftige Option in der Philosophie der Mathematik. Da unsere Perspektive auf den Formalismus in der Philosophie die eines forschenden Mathematiker ist, möchten wir zunächst mit einigen mathematischen Aussagen an die mathematische Intuition des Lesers appellieren.

(1) Zu jeder Menge gibt es eine Potenzmenge, die die Teilmengen der Menge als ihre Elemente enthält.

(2) Zwei Mengen haben die gleiche Mächtigkeit, wenn es eine eineindeutige Zuordnung zwischen ihren Elementen gibt.

(3) Eine nichtleere Menge und ihre Potenzmenge sind nicht gleichmächtig.

(1) ist ein Axiom der Mengenlehre, (2) ist eine mengentheoretische Definition und (3) ein wichtiges Resultat der Mengenlehre über Kardinalzahlen.

Ein Axiom der Zahlentheorie, eine zentrale zahlentheoretische Definition und eine große zahlentheoretische Vermutung sind durch folgende Aussagen gegeben:

---

[20]Siehe hierzu Monk (1976).
[21]Wir sind der Überzeugung, dass jede Definition trivialerweise analytisch wahr ist, aber dies ist hier nicht der entscheidende Punkt.

(1) Jede natürliche Zahl hat genau eine ihr nachfolgende natürliche Zahl.
(2) Eine Primzahl ist eine natürliche Zahl, die keine echten Teiler hat.
(3) Jede gerade Zahl größer als zwei ist die Summe zweier Primzahlen.

Die letzte Aussage ist die Goldbach'sche Vermutung, von der wir nicht wissen, ob sie wahr oder falsch ist, da wir keinen Beweis und keine Widerlegung kennen. Zuletzt seien noch drei Aussagen der Analysis angegeben:

(1) Jede nichtleere nach oben beschränkte Menge reeller Zahlen besitzt eine kleinste obere Schranke.
(2) Eine Funktion der reellen Zahlen in die reellen Zahlen ist stetig, wenn das Urbild jeder offenen Menge offen ist.
(3) Jede stetige Funktion der reellen Zahlen in die reellen Zahlen, die Werte kleiner und größer Null annimmt, besitzt eine Nullstelle.

(1) kann als Axiom der Analysis verwendet werden, (2) ist eine Möglichkeit Stetigkeit zu definieren und (3) ist ein wichtiger Satz der Analysis.

All diese Aussagen lassen sich in geeigneten Systemen formalisieren, trotzdem erscheint uns die Behauptung, dass eine der Aussagen nichts anderes als eine, jenseits eines formalen Spiels, bedeutungslose Formel ist, bzw. sich auf eine solche reduzieren lässt, absurd zu sein. Diesen Eindruck möchten wir durch drei Argumente untermauern, die auf der mathematischen Praxis beruhen. Unser erstes Argument lautet:

(1) In der Praxis werden beim Aufbau mathematischer Theorien ausschließlich logische Schlussregeln verwendet.
(2) Wären mathematischen Axiome, Definitionen und Sätze keine Aussagen, so wäre (1) irrational.
(3) (1) ist nicht irrational.

Damit folgt: Mathematische Axiome, Definitionen und Sätze sind Aussagen.

Betrachtet man den Aufbau mathematischer Theorien in der einschlägigen Fachliteratur, so ist (1) offensichtlich. Der einzige vernünftige Grund für die ausschließliche Anwendung wahrheitserhaltender Schlussregeln ist der, dass die Dinge, auf die diese Regeln angewendet werden, wahr sein können, damit gilt (2). Dem Formalisten bleibt nur die Möglichkeit, (3) zu bestreiten. Mathematikern in ihrer beruflichen Praxis systematische Irrationalität, durch die Beschränkung auf logische Schlussregeln zu unterstellen, erscheint uns inakzeptabel. Unser zweites Argument hat folgende Form:

(1) In der mathematischen Praxis wird aus der großen Menge von formal möglichen Axiomen nur eine kleine Menge von Axiomen ausgewählt.

(2) Die beste (und vielleicht auch die einzige) Erklärung dieser Auswahl ist die Annahme, dass die ausgewählten Axiome wahre Aussagen sind.

Aus (1) und (2) folgt durch einen Schluss auf die beste Erklärung, dass die Axiome der Mathematik Aussagen sind. Unterstellen wir die Verwendung logischer Schlussregeln, sind damit auch die Sätze der Mathematik Aussagen.

Die erste Voraussetzung des Arguments ist offensichtlich. Da es enorm viele mögliche Axiome gibt, die nicht alle berücksichtigt werden können, ist es notwendig, eine bestimmte kleine Menge von Axiomen auszuwählen, aus denen mathematische Theorien aufgebaut werden. Ein Formalist wird dies wohl nicht bestreiten und eher geneigt sein, die zweite Voraussetzung infrage zu stellen. Er könnte entweder behaupten, dass die Auswahl von Axiomen willkürlich geschieht, was vollkommen absurd erscheint, oder er müsste eine andere Erklärung anbieten, warum bestimmte Axiome ausgewählt werden. Uns ist keine solche Erklärung bekannt und wir sind daher überzeugt, dass (2) der Fall ist.

Unser drittes Argument gegen den Formalismus lautet:

(1) Eine Theorie kann nur dann eine Anwendung finden, wenn sie Aussagen macht.

(2) Mathematische Theorien finden eine Anwendung.

Aus (1) und (2) folgt, dass mathematische Theorien (die Anwendung finden) Aussagen machen.

Obwohl dieses Argument schlüssig erscheint, hat es doch eine Schwäche. Auch jede nicht formalistische Philosophie der Mathematik tut sich schwer damit, zu erklären, wie und warum die Aussagen mathematischer Theorien eine Anwendung finden. Trotzdem hoffen wir, dass alle drei Argumente zusammengenommen den Leser überzeugen, dass die Mathematik Aussagen beinhaltet und ein radikaler Formalismus in der Philosophie der Mathematik inakzeptabel ist.

Betrachten wir nun einen differenzierten Formalismus, der behauptet, dass eine spezielle mathematische Theorie nur aus Formeln ohne Aussagegehalt besteht. Das erste und das zweite oben dargestellte Argument lassen sich auch in diesem Fall anwenden. Das dritte Argument ist aber nicht für jede mathematische Theorie haltbar, da es mathematische Theorien gibt, die noch keine Anwendung gefunden haben und vielleicht auch keine finden werden. In Hilberts differenziertem Formalismus ist die gesamte transfinite Mathematik nur ein formales Hilfsmittel und ihre Sätze machen keine Aussagen. Nun ist aber die Analysis zentraler Bestandteil der transfiniten Mathematik und Ergebnisse der Analysis werden in den empirischen Wissenschaften häufig angewendet. Zum Beispiel werden Vorgänge in der Natur oftmals durch die Lösungen von Differentialgleichungen quantitativ beschrieben und Sätze der Analysis garantieren die Existenz und Eindeutigkeit der Lösungen dieser

Gleichungen und bestimmen deren Eigenschaften.[22] Mathematische Existenzaussagen sind damit die Grundlage empirischer Modellierung, die ohne diese Aussagen nicht möglich wäre. Wenn nicht bekannt ist, ob Lösungen von Gleichungen überhaupt existieren, können diese offenbar nicht herangezogen werden, um natürliche Prozesse zu beschreiben. Wären die Existenzaussagen für Differentialgleichungen nur bedeutungslose Formeln, die einen Existenzquantor enthalten, so könnten diese Lösungen reale Phänomene nicht beschreiben und so eine Anwendung in den empirischen Wissenschaften finden. Weitere zentrale Sätze der Analysis, die vielfach angewendet werden, sind Fixpunktsätze. Diese Sätze garantieren die Existenz eines Fixpunkts einer Abbildung mit geeigneten Eigenschaften auf einem Raum mit geeigneter Struktur. Fixpunktsätze, wie etwa der Satz von Kakutani, sind die Grundlage von Gleichgewichtstheorien in den Wirtschaftswissenschaften.[23] Wieder wird eine formalistische Interpretation dieser Sätze ihrer Anwendung als Begründung der Existenz realer Gleichgewichtszustände nicht gerecht. Die vielfältigen Anwendungen der Analysis scheinen ein hinreichender Grund zu sein, einen Formalismus in Bezug auf diesen Teil der Mathematik zurückzuweisen. Es ist recht irritierend, dass Hilbert, der an der Weiterentwicklung der Analysis und ihrer Anwendung maßgeblich beteiligt war, einen formalistischen Standpunkt in Bezug auf die Analysis einnahm.

Trotz aller Bewunderung für Hilberts mathematische Leistungen erscheint seine Vereinigung von Realismus und Formalismus in Bezug auf die finite Mathematik zweifelhaft. Die Aussagen der finiten Mathematik sollen sich auf unabhängig von mentalen Vorgängen existierende Zeichen beziehen. Nun ist aber ein Ding, welcher Art auch immer, für sich genommen kein Zeichen, sondern ein Ding wird erst zum Zeichen, wenn es als solches verstanden wird. Zeichen und Formeln, die aus Zeichen bestehen, sind daher nicht unabhängig von mentalen Vorgängen. Insbesondere sind Zahlzeichen ein kulturelles Konstrukt, das in hohem Maße von mentalen Vorgängen wie Konstruktionen und Interpretationen abhängt. Es ist hinlänglich bekannt, dass sich die Zeichensysteme der Zahlen in unterschiedlichen Kulturen und Epochen erheblich unterscheiden. Ein Realismus in Bezug auf Zahlen scheint daher viel plausibler als der Realismus in Bezug auf Zahlzeichen, den Hilbert zu vertreten scheint. Ein Realismus in Bezug auf Zahlen widerspricht jedoch der Einschränkung des Realismus auf den finiten Teil der Mathematik. Hilbert und manch anderer schreckt vor der Annahme der objektiven Existenz aktual unendlicher Objekte, wie der natürlichen Zahlen oder der reellen Zahlen, zurück. Dabei würde diese Annahme das Problem der Widerspruchsfreiheit der transfiniten Mathematik, das Hilbert sehr besorgt, auflösen. Ein platonischer Realist gibt zu diesem Problem folgende Auskunft: Wenn ein Axiomensystem einen real existierenden Gegenstandsbereich korrekt beschreibt,

---

[22]Für gewöhnliche Differentialgleichungen sind dies die Sätze von Peano und Picard-Lindelöf, siehe Heuser (2009). Die Existenz von Lösungen mancher partieller Differentialgleichung, wie etwa der Navier-Stokes-Gleichung, zu beweisen, ist eines der größten Probleme der zeitgenössischen Analysis, siehe Basieux (2004). Dass diese Gleichungen zur Beschreibung natürlicher Vorgänge verwendet werden, erscheint uns problematisch, da wir nicht wissen, ob tatsächlich geeignete Lösungen der Gleichungen existieren.
[23]Siehe hierzu Church A. (1936).

werden aus den Axiomen keine Widersprüche folgen. Sollte sich ein Widerspruch
ergeben, was wir nicht ausschließen können, zeigt dies, dass unser Axiomensystem
keinen Gegenstandsbereich korrekt beschreibt, und wir müssen andere Axiome aus-
wählen. Sollte zum Beispiel die Peano-Arithmetik die natürlichen Zahlen, im Sinne
eines platonischen Realismus, korrekt beschreiben, wovon wir ausgehen, werden wir
keine Widersprüche in der Peano-Arithmetik finden. Sollten wir doch einen solchen
Widerspruch finden, heißt dies, dass wir die natürlichen Zahlen noch nicht richtig
verstehen und ein neues Axiomensystem benötigen. Dies ist nicht auszuschließen
und wäre im gleichen Maße bedauerlich wie faszinierend.

Konstruktivismus 10

Inhaltsverzeichnis

10.1 Die konstruktivistische Position

Ein Konstruktivismus in der Philosophie der Mathematik geht von folgender ontologischen Grundannahme aus:

Ein mathematischer Gegenstand existiert dann und nur dann, wenn er konstruierbar ist.

Gemäß dieser ontologischen These ist eine mathematische Existenzaussage wahr genau dann, wenn es eine Methode gibt, den Gegenstand, dessen Existenz behauptet wird, zu bestimmen. In der klassischen Mathematik finden sich viele nicht-konstruktive Existenzbeweise. Ein schönes Beispiel für solch einen Beweis zeigt, dass es irrationale Zahlen a und b gibt, sodass a^b eine rationale Zahl ist. Entweder ist $\sqrt{2}^{\sqrt{2}}$ rational oder irrational. Im ersten Fall haben wir mit $a = b = \sqrt{2}$ schon a und b gefunden, sodass a^b rational ist. Im zweiten Fall setzen wir $a = \sqrt{2}^{\sqrt{2}}$ und $b = \sqrt{2}$ und erhalten, dass $a^b = \sqrt{2}^2 = 2$ rational ist. Hier lässt sich allerdings auch ein konstruktiver Beweis der Aussage angeben. Es gilt $e^{\ln(2)} = 2$ und man kann zeigen, dass sowohl die Euler'sche Zahl e als auch der natürliche Logarithmus $\ln(2)$ irrational sind. Es gibt allerdings auch mathematische Aussagen, die sich im

© Springer-Verlag GmbH Deutschland, ein Teil von Springer Nature 2021
J. Neunhäuserer, *Einführung in die Philosophie der Mathematik*,
https://doi.org/10.1007/978-3-662-63714-2_10

klassischen Sinne beweisen, aber nicht konstruktiv beweisen lassen.[1] Der Konstruktivismus in der Philosophie der Mathematik lehnt nicht-konstruktive Existenzbeweise ab. Solche Beweise beruhen grundsätzlich auf dem Satz des ausgeschlossenen Dritten der klassischen Aussagenlogik: Für eine Aussage a ist a oder die Negation von a wahr, d. h., $a \lor \neg a$ ist eine Tautologie.[2] Der Konstruktivismus muss also den Satz des ausgeschlossenen Dritten ablehnen und eine intuitionistische Logik, die auf diesen Satz verzichtet, mathematischen Beweisen zugrunde legen. Eine Einführung in die intuitionistische Logik hatten wir bereits in Abschn. 8.3 gegeben und wir werden im Abschn. 10.2 sehen, dass die intuitionistische Logik tatsächlich für die Entwicklung der konstruktiven Mathematik grundlegend ist.

Um die konstruktivistische Position genauer zu definieren, müssen wir den Begriff der Konstruktion, im Sinne einer Methode einen mathematischen Gegenstand zu bestimmen, erläutern. Der Intuitionismus legt, wie in Abschn. 8.2 gesagt, der Mathematik zwei Akte des schöpferischen Subjekts zugrunde. Wenn wir bereit sind zu akzeptieren, dass diese Akte eine Methode darstellen mathematische Gegenstände zu bestimmen, so ist der Intuitionismus eine konstruktivistische Philosophie der Mathematik. In der Literatur ist diese Auffassung weit verbreitet. Wir ziehen es allerdings aus systematischen Gründen vor, den Konstruktivismus in der Philosophie der Mathematik vom Intuitionismus abzugrenzen. In unserem Sinne stellen mentale Akte keine Konstruktionen dar; eine Konstruktion eines mathematischen Gegenstandes ist vielmehr durch einen Algorithmus, also eine Berechnungsanweisung gegeben, die den Gegenstand bestimmt. Unterstellen wir diese Interpretation des Konstruktionsbegriffs, behauptet der Konstruktivismus in der Philosophie der Mathematik also, dass ein mathematischer Gegenstand genau dann existiert, wenn er berechenbar ist. Der Begriff der Berechenbarkeit lässt sich durch Konzepte der theoretischen Informatik präzisieren, wenn wir die Church-Turing-These zugrunde legen.[3] Diese besagt, dass die in einem intuitiven Sinne berechenbaren Funktionen gerade die Turing-berechenbaren Funktionen sind. Eine Funktion f ist Turing-berechenbar, wenn es eine Turing-Maschine gibt, die für jedes Argument n aus dem Definitionsbereich der Funktion den Funktionswert $f(n)$ bestimmt. Eine Turing-Maschine ist ein universelles Rechnermodell, das die Arbeitsweise eines Computers modelliert. Die meisten Rechnermodelle sind gleich stark wie Turing-Maschinen, es gibt allerdings auch einige schwächere Modelle, die weniger als Turing-Maschinen berechnen können. Auch Quantencomputer können nicht mehr Funktionen als Turing-Maschinen berechnen, sie tun dies nur sehr viel schneller als klassische Computer.

---

[1]Ein schönes Beispiel finden wir in der Funktionalanalysis. Sei l^1 der Raum absolut summierbarer Folgen reeller Zahlen und l^∞ der Raum der beschränkten reellen Folgen. Der Raum l^1 lässt sich in den Dualraum von l^∞, d. h. in den Raum der linearen Funktionale auf l^∞, einbetten. Elemente, die im Dualraum von l^∞, aber nicht l^1 sind, existieren, wenn man das Auswahlaxiom annimmt, lassen sich aber nicht konstruieren. Siehe hierzu Schechter (1997).

[2]Siehe hierzu auch Abschn. 7.3.

[3]Wir geben hier nur eine kurze Einführung in die Theorie der Berechenbarkeit und verweisen für Details auf die einschlägige Fachliteratur in der theoretischen Informatik, wie etwa Hoffmann (2011).

Die Berechenbarkeit mathematischer Gegenstände wird üblicherweise auf berechenbare Funktionen zurückgeführt. In diesem Sinne ist eine Zahl berechenbar, wenn es eine berechenbare Funktion gibt, die die Ziffern der Zahl bestimmt. Wenn wir berechenbare Funktionen auf den natürlichen Zahlen betrachten, wird deutlich, dass eine berechenbare Zahl eine unendliche Folge von Ziffern haben kann. Es lässt sich zeigen, dass alle algebraischen Zahlen, also die Lösungen von algebraischen Gleichungen mit rationalen Koeffizienten, berechenbar sind. Zum Beispiel sind $\sqrt{2}$ oder die goldene Zahl $\phi = (\sqrt{5} + 1)/2$ berechenbar. Auch die Konstanten der Analysis wie die Archimedes-Konstante π und die Euler'sche Zahl e sind berechenbar. Eine Zahl, die sich konkret definieren, aber nicht berechnen lässt, ist die Chaitin'sche Konstante Ω_T, die durch den amerikanischen Mathematiker und Philosophen Gregory J. Chaitin (1947–) eingeführt wurde. Ω_T ist die Summe der Terme $2^{-|p|}$, wobei p ein Programm auf einer Turing-Maschine T ist, $|p|$ die Länge des Programms in Bits bezeichnet und wir über alle Programme summieren, die nach endlicher Zeit anhalten,

$$\Omega_T = \sum_{p \text{ hält}} 2^{-|p|}.$$

Man kann Ω_T als die Wahrscheinlichkeit interpretieren, dass eine Turing-Maschine T mit einem zufällig gewählten Programm hält. Der approximative Wert der Chaitin'schen Konstante ist stark davon abhängig, welche Art von Turing-Maschine T konkret betrachtet wird. Für eine bestimmte Turing-Maschine wurde der Wert $\Omega = 0,00787499699\ldots$ bestimmt.[4] Die Chaitin'sche Konstante ist nicht berechenbar, da das Halteproblem nicht entscheidbar ist. Das Halteproblem ist das Problem, ob eine Turing-Maschine T mit einem gegebenen Programm p ein Ergebnis erzielt und anhält, also $|p|$ endlich ist. Alan Turing hat gezeigt, dass es keine Turing-Maschine gibt, die für alle möglichen Programme p auf einer Turing-Maschine entscheidet, ob die Berechnung terminiert.[5] Ein strenger Konstruktivist muss wohl behaupten, dass Ω_T nicht existiert, also im konstruktivistischen Sinne nicht wohldefiniert ist.

Mithilfe von berechenbaren Funktionen lässt sich auch für Teilmengen A von abzählbaren Mengen der Begriff der Berechenbarkeit einführen, zumeist wird in diesem Zusammenhang allerdings von der Entscheidbarkeit einer Menge gesprochen. Eine Menge A ist berechenbar bzw. entscheidbar, wenn die charakteristische Funktion der Menge, die für Argumente in der Menge den Wert 1 und sonst den Wert 0 hat, berechenbar ist. Zum Beispiel ist die Menge aller Primzahlen berechenbar, da eine Turing-Maschine entscheiden kann, ob eine Zahl eine Primzahl ist oder nicht. Ein Turing-Maschine kann jedoch nicht entscheiden, ob eine diophantische

---

[4]Siehe hierzu Calude und Dinneen (2007).
[5]Siehe Turing (1936).

Gleichung eine Lösung hat.[6] Die Menge aller lösbaren diophantischen Gleichungen ist demnach nicht berechenbar. Wieder müsste ein Vertreter einer strikt konstruktivistischen Philosophie der Mathematik behaupten, dass solch eine Menge nicht existiert.

Nach einem kurzen historischen Exkurs gehen wir auf die Schwächen der konstruktiven Mathematik und Probleme des Konstruktivismus in der Philosophie der Mathematik noch detailliert ein.

10.2 Historische Entwicklung

Wir geben hier einen kurzen Abriss der Entwicklung der konstruktiven Mathematik mit einem Augenmerk auf Aspekte, die für den Konstruktivismus in der Philosophie der Mathematik relevant erscheinen. Die Mathematik des Intuitionismus kann im weiteren Sinne als konstruktiv verstanden werden. Ihr liegt, wie in Abschn. 7.4 gesagt, das Konstruktionsprinzip der Wahlfolgen und nicht das Konzept der algorithmischen Berechenbarkeit zugrunde. Mit den grundlegenden Arbeiten von Alan Turing (1912–1954) und Alonzo Church (1903–1995) zur algorithmischen Berechenbarkeit in den 30er-Jahren entsteht die konstruktiv rekursive Mathematik. Diese betrachtet rekursive Funktionen auf Teilmengen der natürlichen Zahlen und konstruiert die reellen Zahlen mit ihrer Hilfe. Es hat sich gezeigt, dass die Klasse der rekursiven partiellen Funktionen mit der Klasse der Turing-berechenbaren Funktionen, die wir im Abschn. 9.1 eingeführt haben, übereinstimmt.[7] Einer der Hauptvertreter der konstruktiv rekursiven Mathematik war der russische Mathematiker Andrei Andrejewitsch Markow junior (1903–1979), der Sohn des berühmten russischen Stochastikers gleichen Namens. Markow beschreibt eine Klasse von Algorithmen, die genau die rekursiven partiellen Funktionen berechnet, und geht von einer intuitionistischen Logik aus, die auf den Satz des ausgeschlossenen Dritten verzichtet.[8] Zusätzlich unterstellt Markow ein Prinzip, das im gewissen Sinne als ein Ersatz für den Satz des ausgeschlossenen Dritten angesehen werden kann: Sei eine unendliche Folge von Nullen und Einsen gegeben. Wenn wir davon ausgehen, dass die Annahme, dass alle Folgenglieder Null sind, zu einem Widerspruch führt, folgt gemäß der klassischen Logik, dass ein Eintrag der Folge Eins ist. Dieser Schluss ist in der intuitionistischen Logik allerdings nicht gültig. Markow nimmt nun an, dass ein Markow-Algorithmus, also eine Turing-Maschine, den Eintrag der Folge, der Eins ist, aufspüren wird. Damit ist die Aussage, dass ein Eintrag der Folge Eins ist, auch in der konstruktiven Mathematik wahr. Die konstruktive rekursive Mathematik mit Markows Prinzip wird auch

---

[6]Eine diophantische Gleichung ist durch $f(x_1, \ldots, x_n) = 0$ für eine Polynomfunktion f mit ganzzahligen Koeffizienten gegeben. Gesucht werden ganzzahlige Lösungen $(x_1, \ldots, x_n)$. Ein Beispiel ist die Pell'sche Gleichung $x_1^2 - dx_2^2 - 1 = 0$. Der russische Mathematiker Yuri Matijassewitsch (1947–) bewies, dass die Lösbarkeit diophantischer Gleichungen unentscheidbar ist, siehe Matijassewitsch (1993).

[7]Siehe hierzu Cooper (2004).

[8]Siehe Markov (1954).

als russische rekursive Mathematik bezeichnet und scheint eine Hauptströmung der konstruktiven Mathematik zu sein. Markows Prinzip wird aber nicht von allen Vertretern des Konstruktivismus akzeptiert.

Ein verstörendes Resultat der konstruktiv rekursiven Mathematik ist Speckers Theorem aus den 40er-Jahren:

Satz Es gibt eine wachsende nach oben beschränkte Folge rationaler Zahlen, die gegen keine reelle Zahl konvergiert.[9]

Ein solche Folge konvergiert in der klassischen Analysis selbstverständlich gegen eine reelle Zahl, siehe Abb. 10.1. Hier folgt die Konvergenz der Folge unmittelbar aus dem Supremumsprinzip, das besagt, dass jede nicht leere nach oben beschränkte Menge reeller Zahlen eine kleinste obere Schranke hat. Tatsächlich gilt das Supremumsprinzip in der konstruktiven Mathematik nur für ordnungslokalisierte Mengen reeller Zahlen, deren Abstand zu jeder gegebenen reellen Zahl berechenbar ist.

Einen starken Einfluss auf die Weiterentwicklung der konstruktiven Mathematik hatte das Buch *Foundations of Constructive Analysis (1967)* des US-amerikanischen Mathematikers Errett Bishop (1928–1983).[10] Bishop entwickelt in seinem Buch zentrale Teile der Analysis ausgehend von einer intuitionistischen Logik. Er verzichtet hierbei auf eine formale Definition von Berechenbarkeit, Algorithmus oder Konstruktionsverfahren und verlässt sich darauf, dass in der mathematischen Praxis Beweise, die eine intuitionistische Logik verwenden, als konstruktive Beweise gelten können. Aus philosophischer Perspektive ist Bishops Verzicht auf eine ontologische Stellungnahme, welche mathematischen Gegenstände existieren, gewiss unbefriedigend. Für die Entwicklung der konstruktiven Mathematik war dieser offene Ansatz allerdings sehr anregend. Teile der Funktionalanalysis, der Algebra und der Topologie konnten konstruktiv rekonstruiert werden und auch moderne Beweistechniken wurden in konstruktiver Form entwickelt.[11]

Als formale Grundlage der konstruktiven Mathematik wurde sowohl eine konstruktive Typentheorie als auch eine konstruktive Mengenlehre vorgeschlagen. Der schwedische Mathematiker Per Martin-Löf (1942–) entwickelte eine Typentheorie, die an die Typentheorie von Russell und Whitehead angelehnt ist, aber konstruktivistisch und nicht logizistisch fundiert ist. Ein Typ wird nach Martin-Löf dadurch definiert, dass wir beschreiben, was zu tun ist, um einen Gegenstand des Typs zu konstruieren.[12] Eine zeitgenössische Grundlegung der konstruktiven Mathematik bietet unserer Meinung nach die axiomatische Mengenlehre des britischen Mathematiker Perter Aczel (1941–) und des deutschen Mathematikers Michael Rathjen.[13] Diese Mengenlehre ist angelehnt an das System von Zermelo und Fraenkel, das wir im Anhang (Kap. 14) beschreiben. Es ersetzt das Potenzmengen-, Aussonderungs- und

---

[9]Siehe Specker, E. (1949).
[10]Siehe Bishop (1967).
[11]Siehe hierzu zum Beispiel Mines et al. (1988) und Picado und Pultr (2011).
[12]Siehe Martin-Löf, P. (1973).
[13]Siehe Aczel und Rathjen (2001).

Abb. 10.1 Eine wachsende
nach oben beschränkte Folge
reeller Zahlen

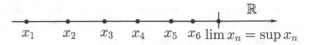

$$x_1 \quad x_2 \quad x_3 \quad x_4 \quad x_5 \quad x_6 \ \lim x_n = \sup x_n$$

Ersetzungsaxiom durch schwächere konstruktive Prinzipien. Die Details der konstruktiven Mengenlehre zu beschreiben übersteigt den Rahmen dieses Buches, wir möchten aber betonen, dass die Potenzmenge der natürlichen Zahlen, also die Menge aller Mengen natürlicher Zahlen, in der konstruktiven Mengenlehre nicht existiert. Umstritten ist die Gültigkeit des Auswahlaxioms in der konstruktiven Mathematik. In der klassischen Formierung besagt dieses Prinzip, dass zu jeder Familie von Mengen eine Funktion existiert, die ein Element aus jeder der Mengen auswählt, siehe hierzu auch Abschn. 7.5. Aus dem Auswahlaxiom lässt sich in einer konstruktiven Mengenlehre der Satz des ausgeschlossenen Dritten herleiten, wobei die Form, die dieser Satz annimmt, davon abhängig ist, welche Form des Aussonderungsaxioms angenommen wird.[14] In jedem Fall ist das Auswahlaxiom hiermit für einen Konstruktivisten nicht akzeptabel. Auf der anderen Seite lässt sich in einer konstruktiven Typentheorie wie der von Martin-Löf, das Auswahlaxiom beweisen, obwohl der Satz des ausgeschlossenen Dritten nicht gilt, seine Negation lässt sich sogar beweisen. Der Unterschied besteht darin, dass in einer Typentheorie Mengen und ihre Elemente explizit gegeben sind, was in einer konstruktiven Mengenlehre nicht der Fall ist. Die Frage nach der Rolle des Auswahlaxioms in der konstruktiven Mathematik scheint uns bis heute nicht vollkommen geklärt zu sein.

10.3   Schwächen der konstruktiven Mathematik

Wir zeigen in diesem Abschnitt einige Schwächen der konstruktiven Mathematik auf und gehen im nächsten Abschnitt dann auf Probleme des Konstruktivismus in der Philosophie der Mathematik ein.

Das erste Problem der konstruktiven Mathematik besteht unserer Auffassung nach darin, dass sie nicht in der Lage ist, eine Theorie der unendlichen Kardinalzahlen, also der Mächtigkeit von Mengen aufzubauen. In der klassischen Mathematik geschieht dies, ausgehend von einer axiomatischen Mengenlehre, mit Auswahlaxiomen wie folgt:

Zwei Mengen A und B haben die gleiche Kardinalität oder Mächtigkeit, wenn es eine Bijektion, also eine eineindeutige Zuordnung zwischen ihren Elementen gibt, $|A| = |B|$. Die Mächtigkeit von A ist kleiner oder gleich der Mächtigkeit von B, wenn es eine Bijektion von B auf eine Teilmenge von A oder ganz A gibt, $|A| \leq |B|$. Die Mächtigkeit von A ist unter dieser Bedingung echt kleiner als die von B, wenn es keine Bijektion zwischen A und B gibt, $|A| < |B|$. Siehe Abb. 10.2. Der Satz von Cantor-Bernstein-Schröder besagt nun, dass, wenn die Mächtigkeit von A kleiner

---

[14]Dies ist der Satz von Diaconescu-Goodman-Myhill, siehe van Dalen (1999) und Goodman und Myhill (1978).

als die Mächtigkeit von B ist und die Mächtigkeit von B kleiner von A ist, eine Bijektion zwischen den Mengen existiert, sie also die gleiche Mächtigkeit haben,

$$|A| \leq |B| \wedge |A| \geq |B| \Rightarrow |A| = |B|.$$

Zusätzlich lässt sich mithilfe des Auswahlaxioms für zwei beliebige Mengen A und B zeigen, dass die Mächtigkeit von A kleiner gleich der Mächtigkeit von B oder die Mächtigkeit von B kleiner gleich der Mächtigkeit von A ist,

$$|A| \leq |B| \vee |A| \geq |B|.$$

Diese Sätze sind die Grundlage der klassischen Theorie der Kardinalzahlen.[15] Nun sind die Beweise dieser Sätze nicht konstruktiv und es gibt nachweislich auch keine konstruktiven Beweise. Die gesuchten Bijektionen können im Allgemeinen nicht explizit angegeben werden und sind im Allgemeinen nicht Turing-berechenbar.

In der klassischen Theorie der Kardinalzahlen lassen sich einige wunderbare Sätze beweisen. Die Menge der Turing-Maschinen ist abzählbar, es gibt eine Bijektion zwischen ihnen und den natürlichen Zahlen. Damit sind in der klassischen Mathematik auch die Turing-berechenbaren Zahlen $\mathbb{B}$ abzählbar, also gleichmächtig zu den natürlichen Zahlen $\mathbb{N}$. Ein einfacher nicht konstruktiver Widerspruchsbeweis zeigt weiterhin, dass die Potenzmenge $P(M)$ einer Menge M, also die Menge aller Teilmengen von M, eine echt größere Mächtigkeit als M hat. Die Mächtigkeit der Potenzmenge der natürlichen Zahlen $P(\mathbb{N})$ stimmt mit der Mächtigkeit der reellen Zahlen $\mathbb{R}$ überein, wenn diese klassisch konstruiert werden, und ist sogar gleich der Mächtigkeit aller reellen Zahlenfolgen $\mathbb{R}^{\mathbb{N}}$. Die Mächtigkeit der Potenzmenge der reellen Zahlen $P(\mathbb{R})$ ist wieder größer als die Mächtigkeit von $\mathbb{R}$ und stimmt mit der Mächtigkeit aller Funktion von $\mathbb{R}$ nach $\mathbb{R}$ überein.[16] Zusammenfassend gilt:

Satz $\mathbb{N} = \mathbb{B} < P(\mathbb{N}) = \mathbb{R} = \mathbb{R}^{\mathbb{N}} < P(\mathbb{R}) = \mathbb{R}^{\mathbb{R}}.$

Wir empfinden diesen Satz als große Errungenschaft der modernen Mathematik, er expliziert den Begriff der Unendlichkeit. Bedauerlicherweise ist dieser Satz der konstruktiven Mathematik nicht zugänglich. In ihr existiert keine Bijektion zwischen natürlichen und berechenbaren Zahlen, keine Potenzmenge der natürlichen Zahlen und erst recht keine Bijektion zwischen dieser Menge und den reellen Zahlen oder allen Folgen von reellen Zahlen. Selbstverständlich existiert auch die Potenzmenge der reellen Zahlen in der konstruktiven Mathematik nicht und auch keine Bijektion dieser Menge auf die Menge der reellen Funktionen. Der Leser wird nun verstehen, dass wir keine große Sympathie für die Beschränkung der Mathematik durch einen Konstruktivismus aufbringen können.

Das zweite Problem der konstruktiven Mathematik liegt unserer Auffassung nach darin, dass sie nicht in der Lage ist, eine tragbare Maßtheorie zu entwickeln. Von

---

[15]Siehe hierzu Kap. 1 in Neunhäuserer (2015).
[16]Siehe wieder Kap. 1 in Neunhäuserer (2015).

einem Längenmaß erwarten wir selbstverständlich, dass das Maß von Intervallen deren Länge und dass das Maß einzelner Zahlen Null ist. Weiterhin erwarten wir zur Entwicklung der Theorie, dass ein Längenmaß auf den reellen Zahlen ein äußeres Maß auf den Teilmengen und ein Maß auf den messbaren Teilmengen der reellen Zahlen ist. Dies heißt insbesondere, dass das Maß einer abzählbaren Vereinigung von Teilmengen der reellen Zahlen kleiner als die Summe der Maße der einzelnen Mengen ist,

$$\mu \left(\bigcup_{i=1}^{\infty} A_i \right) \le \sum_{i=1}^{\infty} \mu(A_i).$$

Für abzählbare disjunkte Vereinigungen messbarer Menge erwarten wir, dass das Maß der Vereinigung mit der Summe der Maße der einzelnen Mengen übereinstimmt,

$$\mu \left(\bigcup_{i=1}^{\infty} A_i \right) = \sum_{i=1}^{\infty} \mu(A_i), \quad \text{wenn } A_i \text{ messbar und disjunkt.}$$

In der klassischen Analysis wird das Lebesgue-Maß diesen Forderungen gerecht.[17] Es ist leicht zu sehen, dass das Lebesgue-Maß der Menge der Turing-berechenbaren reellen Zahlen Null ist, diese Menge ist also in Bezug auf das Lebesgue-Maß zu vernachlässigen. Die Definition des Lebesgue-Maßes und der Lebesgue-messbaren Mengen ist nicht konstruktiv und wir behaupten, dass sich diese Definitionen auch nicht konstruktiv rekonstruieren lassen. Jedes äußere Maß auf der Menge der berechenbaren Zahlen ist nämlich identisch Null, wenn wir voraussetzen, dass das Maß einzelner berechenbarer Zahlen Null ist. Es gibt in der konstruktiven Mathematik damit keinen Längenbegriff, der unseren Ansprüchen gerecht wird. Das gleiche gilt auch für den Dimensionsbegriff. Wir erwarten von einer Dimension, dass diese abzählbar stabil ist. Dies heißt, dass die Dimension einer abzählbaren Vereinigung von Mengen mit dem Supremum der Dimensionen der einzelnen Mengen übereinstimmt. In der klassischen Theorie wird die Hausdorff-Dimension diesen Forderungen gerecht und diese lässt sich nicht konstruktiv rekonstruieren. Auf der Menge der berechenbaren Zahlen ist jede abzählbar stabile Dimension identisch Null, wenn wir davon ausgehen, dass einzelne Zahlen nulldimensional sind. Aus unserer Perspektive schließt dies eine konstruktivistische Rekonstruktion aus.

Der Autor dieses Buches konnte in den letzten Jahren einige Resultate in der klassischen Maß- und Dimensionstheorie erzielen, die in der konstruktiven Mathematik nicht nachvollziehbar sind. Der Leser wird verstehen, dass wir der konstruktivistischen Beschränkung der Mathematik nicht offen gegenüberstehen. Die Liste der Schwächen der konstruktiven Mathematik ließe sich weiter fortsetzen. Zum Beispiel sind bestimmte Sätze der allgemeinen Topologie nicht Teil der konstruktiven Mathematik. Insbesondere ist dies für alle Sätze, deren Beweis auf der Existenz von Ultrafiltern beruht, der Fall.[18]

---

[17]Siehe hierzu Bauer (1998).
[18]Siehe hierzu Neunhäuserer (2015) oder Lehrbücher zur allgemeinen Topologie.

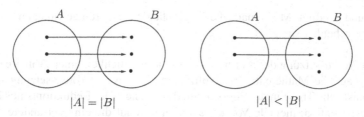

$$|A| = |B| \qquad\qquad\qquad |A| < |B|$$

Abb. 10.2 Zur Definition der Mächtigkeit

10.4 Einschätzung der konstruktivistischen Philosophie

Wie wir in den letzten beiden Abschnitten gesehen haben, hält die konstruktive Mathematik seltsame Ergebnisse wie Speckers Theorem, die im Widerspruch zu klassischen Resultaten stehen, bereit. Manche klassischen Theorien, wie die Kardinalzahl- und die Maßtheorie, können konstruktivistisch nicht rekonstruieren werden. Es müsste gute Gründe geben, die den Konstruktivismus in der Philosophie der Mathematik rechtfertigen, um uns dazu zu bewegen in das Projekt der konstruktiven Mathematik einzusteigen. Diese Perspektive nehmen nicht alle Mathematiker ein, vielmehr ist eine formalistische Perspektive auf die konstruktive Mathematik derzeit verbreitet. Aus dieser Perspektive kann und soll die Mathematik konstruktivistische wie klassische formale Systeme untersuchen und feststellen, welche Sätze sich im klassischen und im konstruktiven Spiel herleiten lassen. Die philosophische Frage, ob nur mathematische Gegenstände existieren, die konstruierbar, bzw. berechenbar sind, stellt sich einem Formalisten nicht. Er kann sich widersprechende formale Systeme, in denen die Existenz nicht konstruierbarer mathematischer Gegenstände angenommen oder geleugnet wird, als gleichwertige Objekte mathematischer Forschung ansehen. Da wir, wie im letzten Kapitel ausgeführt, den Formalismus in der Philosophie der Mathematik ablehnen, stellen wir uns die Frage, ob nicht konstruierbare mathematische Gegenstände tatsächlich nicht existieren. In der klassischen Mathematik haben wir einen wohldefinierten Begriff der reellen Zahlen, der die Vorstellung der vollständigen Zahlengeraden erfolgreich formalisiert. Aus diesem Begriff der reellen Zahlen folgt die Existenz überabzählbar vieler nicht berechenbarer Zahlen und wir kennen sogar Beispiele nicht berechenbarer Zahlen wie die Chaitin'sche Konstante. Dies spricht eindeutig gegen den Konstruktivismus in der Philosophie der Mathematik. Wir möchten trotzdem zwei philosophische Argumente, die für den Konstruktivismus sprechen, vorstellen und diskutieren.

Ein Anti-Realist, der die Grundintuition hat, dass die Gegenstände der Mathematik nicht unabhängig von mentalen Vorgängen sind, könnte folgendes schlüssige Argument für den Konstruktivismus anführen:

(1) Die Gegenstände der Mathematik sind ein Produkt des menschlichen Geistes.
(2) Der menschliche Geist ist in seinen mathematischen Fähigkeiten nichts anderes als eine Turing-Maschine.

Aus (1) und (2) folgt: Mathematische Gegenstände existieren genau dann, wenn sie Turing-berechenbar sind.

Die erste Voraussetzung des Arguments ist eine Möglichkeit einen Anti-Realismus in Bezug auf die Mathematik zu explizieren. Die zweite Voraussetzung ist eine reduktionistische These in der Philosophie des Geistes. Der Reduktionismus ist eine verbreitete Position; mentale Vorgänge sollen sich auf die ein oder andere Art auf nicht mentale Vorgänge reduzieren lassen. In obigem Argument wird die Möglichkeit der Reduktion bestimmter mentaler Vorgänge auf computationale Vorgänge, die durch eine Turing-Maschine modelliert werden können, angenommen. Wir sind der Meinung, dass diese Annahme falsch ist und unsere mathematischen Fähigkeiten über die von Turing-Maschinen hinausgehen. Wir werden unsere Auffassung anhand eines Beispieles erläutern. Die Menschheit hat große Erfolge darin, festzustellen, ob eine gegebene Klasse von diophantischen Gleichungen Lösungen besitzt oder nicht. Unser letzter großer Erfolg ist der Beweis des großen Fermat'schen Satzes durch Andrew Wiles (1953–) und Richard Taylor (1962–), der als einer der Höhepunkte der Mathematik des 20. Jahrhunderts gilt. Dieser Satz besagt, dass Gleichungen der Form $a^n + b^n = c^n$ für natürliche Zahlen n größer als zwei keine Lösungen besitzen.[19] Um zu entscheiden, ob eine Klasse diophantischer Gleichungen Lösungen besitzt, ist es in vielen Fällen notwendig, neue Begriffe, Theorien und Beweistechniken zu entwickeln. Wir sind hierzu offenbar in der Lage. Es ist daher anzunehmen, dass wir prinzipiell in der Lage sind, für jede Klasse diophantischer Gleichungen zu entscheiden, ob sie lösbar ist oder nicht. Eine universelle Turing-Maschine ist hierzu nicht in der Lage und wir gehen davon aus, dass auch keine andere universelle Rechenmaschine, wie auch immer diese konstruiert sein mag, dies leisten kann. Unsere mentalen Fähigkeiten schließen die Reduktion aller mentalen Vorgänge auf nicht-mentale Vorgänge aus. Gewiss werden viele Leser unsere Auffassung an dieser Stelle nicht teilen und trefflich gegen diese argumentieren. Es kann jedoch nicht Aufgabe dieses Buches sein, eine konsistente nicht reduktive Philosophie des Geistes zu entwickeln.

Ein platonischer Realist, der die grundlegende Intuition hat, dass die Gegenstände der Mathematik unabhängig von mentalen Vorgängen existieren und abstrakt sind, hat keinen guten Grund anzunehmen, dass nur konstruierbare oder berechenbare mathematische Gegenstände existieren. Wir sehen zwar keinen logischen Widerspruch zwischen Platonismus und Konstruktivismus, ein Platonist wird die Welt der abstrakten Gegenstände aber nicht auf konstruierbare oder berechenbare Gegenstände einschränken wollen und hat auch keinen Grund dies zu tun. Anders ist die Ausgangslage für einen Realisten in Bezug auf die Mathematik, der alle mathematische Gegenstände konkret repräsentiert sehen möchte. Ein solcher könnte wie folgt argumentieren:

---

[19]Eine Einführung in den komplizierten Beweis bietet Faltings (1995).

(1) Mathematische Gegenstände existieren genau dann, wenn sie konkret in der raum-zeitlichen Realität repräsentiert sind.

(2) Nur berechenbare mathematische Gegenstände können konkret in der raum-zeitlichen Realität repräsentiert sein.

Aus (1) und (2) folgt: Nur berechenbare mathematische Gegenstände existieren.

Die erste Voraussetzung des Arguments ist eine Möglichkeit einen nicht-platonischen Realismus zu formulieren. Wir werden diese Position in Kap. 12 diskutieren. Die zweite Voraussetzung des Arguments ist eine Aussage über die Beschaffenheit der raum-zeitlichen Realität, also eine Aussage über die physikalische Welt im weiteren Sinne. Ausgehend von einem Finitismus in Bezug auf die physikalische Welt könnte man für diese Voraussetzung argumentieren. Die raum-zeitliche Realität ist endlich, damit lassen sich in ihr nur endliche Gegenstände und insbesondere nur endliche mathematische Gegenstände finden. Diese Gegenstände sind berechenbar. Wir halten diese Argumentation für unhaltbar und die zweite Voraussetzung des Arguments für unbegründet. Auch in einem endlichen Universum können unendliche und nicht berechenbare mathematische Gegenstände repräsentiert sein. Betrachten wir die Naturkonstanten, wie etwa die Lichtgeschwindigkeit c, die Gravitationskonstante G oder das Planck'sche Wirkungsquantum h.[20] Diese Zahlen sind in der physikalischen Realität repräsentiert. Die Frage, ob diese Zahlen nun rational oder irrational sind, ist offen. Die rationalen Werte mancher Naturkonstanten, die in der Physik festgelegt werden, stellen nur Näherungen der tatsächlichen Werte dar, die verbessert werden können.[21] Rationale Zahlen lassen sich durch eine endliche oder periodische Folge von Ziffern darstellen, für die Darstellung irrationaler Zahlen benötigen wir eine unendliche, nicht periodische Folge von Ziffern. Genauso ist die Frage, ob die Naturkonstanten im mathematischen Sinne berechenbar sind oder nicht, offen. Im Grunde sind diese Fragen nicht empirisch, der Präzision der Messung der Naturkonstanten sind praktisch wie theoretisch Grenzen gesetzt. Die Möglichkeit, dass die Naturkonstanten wie die Chaitin'sche Konstante nicht berechenbar sind, kann also empirisch nicht ausgeschlossen werden, und es erscheint mindestens schwierig, wenn nicht unmöglich, diese Möglichkeit theoretisch auszuschließen. Wir können hier keine Naturphilosophie anbieten, die versucht die schwierige Frage nach den zahlentheoretischen Eigenschaften der Naturkonstanten zu klären, sind aber der Überzeugung, dass die zweite Voraussetzung obigen Arguments nicht gerechtfertigt ist. Manch ein Leser wird dem gewiss eloquent widersprechen.

Wir haben in diesem Abschnitt nicht die Absicht, alle möglichen Argumente für den Konstruktivismus zu diskutieren, glauben aber die Schwachstellen von zwei wesentlichen Argumenten aufgezeigt zu haben. Wir sprachen schon in Kap. 8 davon,

---

[20] Seit 1983 wird die Lichtgeschwindigkeit in der Physik zwar durch einen konstanten rationalen Wert definiert, diese Definition ist jedoch nicht vor Revisionen gefeit. Zum Beispiel folgt aus der Theorie der Schleifenquantengravitation, dass die Geschwindigkeit eines Photons nicht als Konstante definiert werden kann, da ihr Wert von der Photonfrequenz abhängt.

[21] Siehe Mohr et al. (2008).

dass wir nicht bereit sind, uns dem Joch der intuitionistischen Logik zu unterwerfen. Wir haben den Eindruck, dass alle Versuche den Konstruktivismus philosophisch zu rechtfertigen nicht hinlänglich sind, um einen forschenden Mathematiker dazu zu nötigen, auf den Satz des ausgeschlossenen Dritten, Widerspruchsbeweise und Teile der klassischen Mathematik zu verzichten. Dennoch können wir nachvollziehen, dass ein Anhänger einer formalistischen Philosophie es reizvoll findet, konstruktive Mathematik als gleichberechtigte Alternative zur klassischen Mathematik zu betreiben.

Strukturalismus 11

Inhaltsverzeichnis

11.1 Einführung

Wir werden in diesem Abschnitt die grundlegende Idee des Strukturalismus in der Philosophie der Mathematik vorstellen. Dazu müssen wir zunächst erläutern, was eine Struktur ist. Betrachten wir ein System, das aus einer Zusammenfassung von Gegenständen und aus Relationen zwischen diesen Gegenständen besteht. Eine Struktur ist eine abstrakte Form eines solchen Systems, die von allen Eigenschaften der Gegenstände des Systems abstrahiert, die nicht durch die Relationen des Systems gegeben sind. Die Gegenstände einer Struktur sind also durch ihre relationalen Eigenschaften innerhalb der Struktur vollkommen bestimmt und sie haben keine intrinsischen Eigenschaften. Ein System ist eine Realisierung oder ein Beispiel einer gegebenen Struktur, wenn die Gegenstände des Systems die relationalen Eigenschaften der Struktur aufweisen. Man spricht in diesem Fall auch davon, dass ein System eine Struktur exemplifiziert. Hierzu ein Beispiel: Eine Gruppe von Personen, sagen wir eine Familie, zusammen mit den Verwandtschaftsbeziehungen zwischen den Personen, bildet ein System. Sehen wir nun von den Personen ab, bleibt die Struktur ihrer Verwandtschaftsbeziehungen. Jede Gruppe von Personen bzw. Familie, die diese Verwandtschaftsbeziehung aufweist, ist eine Realisierung oder ein Beispiel dieser Struktur. Als zweites Beispiel mögen uns die Mitarbeiter eines Unternehmens, zusammen mit der Relation der Weisungbefugnis, dienen. Sehen wir von den Mitarbeitern ab, bleibt die hierarchische Personalstruktur des Unternehmens. Hier

© Springer-Verlag GmbH Deutschland, ein Teil von Springer Nature 2021
J. Neunhäuserer, *Einführung in die Philosophie der Mathematik*,
https://doi.org/10.1007/978-3-662-63714-2_11

sei angemerkt, dass nicht zu jeder möglichen hierarchischen Personalstruktur eines Unternehmens tatsächlich ein Unternehmen existiert, das diese realisiert. Nicht jede Struktur wird durch einen gegebenen Bereich von Systemen exemplifiziert.

Aus Sicht der klassischen Metaphysik ist eine Struktur eine spezielle Form einer Universalie, also eines Allgemeinbegriffs. Strukturen sind hierbei Universalien, die nicht wie Eigenschaften einzelnen Gegenständen, sondern Systemen von Gegenständen zukommen. Zum Beispiel kommt die Universalie *Mensch* einzelnen Personen zu, die strukturelle Universalie *Kleinfamilie* kommt einem System zu, das aus Eltern und Kindern besteht. Ob Universalien tatsächlich existieren oder ob sie mentale Konstruktionen sind, ist ein klassisches Problem der Metaphysik.[1]

In der zeitgenössischen Mathematik werden Strukturen durch Axiomensysteme beschrieben. Das Axiomensystem einer Struktur gibt an, in welchen relationalen Beziehungen die Gegenstände eines mathematischen Systems stehen, das die Struktur hat. So beschreiben die Peano-Axiome die Struktur der natürlichen Zahlen, die Axiome der euklidischen Geometrie beschreiben die Struktur des euklidischen Raumes, algebraische Axiome beschreiben algebraische Strukturen wie Gruppen, Ringe, Körper usw. Die Grundannahme des Strukturalismus in der Philosophie der Mathematik ist nun die folgende:

Der Gegenstandsbereich einer mathematischen Theorie ist durch eine Struktur oder mehrere Strukturen, die in relationalen Beziehungen stehen, gegeben.

Es ist nicht umstritten, dass viele mathematische Theorien Strukturen untersuchen. Es ist für die Aussagen dieser Theorien unerheblich, auf welche Art diese Strukturen realisiert werden bzw. welche Beispiele die Strukturen exemplifizieren. Die elementare Zahlentheorie untersucht die Struktur der natürlichen Zahlen und für ihre Aussagen ist es nicht von Bedeutung, ob wir die Struktur der natürlichen Zahlen mithilfe von Folgen von Punkten, durch das Dezimalsystem oder ein anderes Stellenwertsystem realisieren. Genauso beschäftigt sich die Algebra mit algebraischen Strukturen und eine Aussage über eine algebraische Struktur gilt für alle Systeme, die ein Beispiel der Struktur darstellen. Es ist auch nicht umstritten, dass es für jede mathematische Struktur viele Möglichkeiten gibt, sie zu realisieren bzw. exemplifizieren. Insbesondere existieren viele verschiedene Systeme von Mengen, die eine mathematische Struktur realisieren. In seinem einflussreichen Aufsatz *What Numbers Could Not Be (1965)* weist der amerikanische Philosoph Paul Benacerraf (1931–) darauf hin, dass die Struktur der natürlichen Zahlen durch unterschiedliche Mengensysteme realisiert werden kann.[2] Zum Beispiel erhält man durch die Festlegung $n + 1 = \{n\}$ und $n + 1 = n \cup \{n\}$, wobei 0 in beiden Fällen die leere Menge $\emptyset$ ist, zwei unterschiedliche mengentheoretische Realisierungen der Struktur der natürlichen Zahlen:

---

[1] Siehe hierzu Stegmüller (1978).
[2] Siehe hierzu Benacerraf (1965).

1	$\{\emptyset\}$	$\{\emptyset\}$
2	$\{\{\emptyset\}\}$	$\{\emptyset, \{\emptyset\}\}$
3	$\{\{\{\emptyset\}\}\}$	$\{\emptyset, \{\emptyset, \{\emptyset\}\}\}$
4	$\{\{\{\{\emptyset\}\}\}\}$	$\{\emptyset, \{\emptyset, \{\emptyset, \{\emptyset\}\}\}\}$
$\vdots$	$\vdots$	$\vdots$

Die erste Realisierung der natürlichen Zahlen geht auf den Mathematiker Ernst Zermelo (1871–1953) zurück und die zweite stammt von dem Mathematiker John von Neumann (1903–1957). Aus Sicht der Arithmetik sind beide Realisierungen gleichwertig, keine ist der anderen vorzuziehen. Benacerraf schließt aus diesem Grund die Identifikation einer natürlichen Zahl mit einer Menge aus und sieht die natürlichen Zahlen vollständig durch ihre Struktur bestimmt. Die Beobachtung von Benacerraf war ein wichtiger Ausgangspunkt für die Entwicklung und Diskussion strukturalistischer Ansätze in der Philosophie der Mathematik. Ob bzw. in welchem Sinne Strukturen existieren, wie wir Strukturen erkennen und ob Strukturen der fundamentale oder sogar der einzige Gegenstand der Mathematik sind, ist dabei umstritten. Die zeitgenössische Literatur zum Strukturalismus in der Philosophie der Mathematik ist vielfältig und unübersichtlich. Wir glauben im Wesentlichen vier grundlegende Positionen identifizieren zu können. Diese Positionen stellen wir in den Abschn. 11.2 bis 11.5 dar und diskutieren sie.

11.2   Abstrakter Strukturalismus

Der abstrakte Strukturalismus in der Philosophie der Mathematik wird auch platonischer Strukturalismus oder Ante-rem-Strukturalismus genannt. Die deutsche Übersetzung des lateinischen Ausdrucks *ante rem* lautet *vor den Dingen*. Die Hauptthesen des abstrakten Strukturalismus können wir wie folgt formulieren:

(1) Die fundamentalen Gegenstände der Mathematik sind Strukturen.
(2) Mathematische Strukturen existieren unabhängig von mentalen Vorgängen und sind abstrakt, sie sind nicht Teil der raum-zeitlichen Realität.

Der abstrakte Strukturalismus wird in der Philosophie der Mathematik lebhaft diskutiert. Die US-amerikanischen Philosophen Michael Resnik (1938–) und Stewart Shapiro (1951–) gelten als bedeutende Verfechter dieser Position.[3] Im abstrakten Strukturalismus besitzen mathematische Strukturen ontologische Priorität, sie sind die Gegenstände der Mathematik, die existieren. Jede abstrakte Struktur wird im Ante-rem-Strukturalismus durch Plätze bzw. Leerstellen und Relationen dieser Plätze konstituiert, sie bildet ein Ganzes aus diesen beiden Dingen. Betrachten wir als Beispiel die abstrakte Struktur eines Unternehmens. Sie besteht aus den Positionen bzw. Stellen, die durch Mitarbeiter eingenommen werden können, und den Relationen dieser

---

[3] Siehe Shapiro (1997) und Resnik (1997).

Stellen. Welche Mitarbeiter die Positionen einnehmen, ist für die abstrakte Struktur des Unternehmens irrelevant.

Alle Gegenstände der Mathematik, die keine Strukturen sind, werden durch Plätze in einer Struktur definiert. Diese Gegenstände sind also nichts anderes als Leerstellen der Relationen, die die Struktur bestimmen. Alle individuellen Objekte der Mathematik werden mit einzelnen Plätzen in einer Struktur identifiziert und besitzen damit keine intrinsischen Eigenschaften. Singuläre mathematische Terme bezeichnen demgemäß einzelne Plätze bzw. Leerstellen, in einer Struktur. Terme wie 0, 1, 2 usw. beziehen sich also auf nichts anderes als wohldefinierte Plätze in der Struktur natürlicher Zahlen. Eine Gleichung wie $3 + 5 = 8$ drückt eine Wahrheit über diese Struktur aus. Genauso beziehen sich singuläre Terme wie *Punkt, Gerade, Ebene* auf wohlbestimmte Plätze in der geometrischen Struktur. Eine Aussage wie *Eine Gerade, die zwei Punkte mit einer Ebene gemeinsam hat, liegt in dieser* ist eine Wahrheit über die Struktur einer Geometrie. Mathematische Strukturen sind im abstrakten Strukturalismus frei-stehend, das heißt unabhängig von Systemen, die sie realisieren. Der abstrakte Strukturalismus benötigt keine Hintergrundontolgie, die die Existenz von Systemen, die eine Struktur realisieren, postuliert, da er die eigenständige Existenz von Strukturen voraussetzt. Welche Gegenstände Plätze in einer Struktur einnehmen bzw. welche Terme solche Plätze bezeichnen, ist beliebig, die Plätze der Struktur existieren für sich. Es ist für den abstrakten Strukturalismus bedeutungslos, ob die Plätze in der Struktur der natürlichen Zahlen von Mengen, wie von Neumann sie beschreibt, eingenommen werden und {{∅}} die strukturelle Rolle der Zwei spielt oder ob die Struktur der natürlichen Zahlen durch die Mengen von Zermelo realisiert werden und {∅, {∅}} die Rolle der Zwei spielt. Die Plätze in der Struktur selbst sind Objekte der Zahlentheorie. Generell ist es im abstrakten Strukturalismus unerheblich, welches System von Mengen eine Struktur realisiert, da die Plätze und die Relation der Struktur für sich existieren. Dies ist eine Lösung des Problems von Benacerraf, das wir im Abschn. 11.1 beschrieben hatten.

Der abstrakte Strukturalismus ist wie jede Form des Platonismus mit der metaphysischen Kluft, die wir schon in Abschn. 3.4 dargestellt haben, konfrontiert. Wie gewinnen wir als raum-zeitliche Lebensform Erkenntnisse über Strukturen, die nicht Teil der raum-zeitlichen Realität sind? Shapiro entwickelt eine Erkenntnistheorie, die versucht diese Frage zu beantworten. Die Fähigkeit der Abstraktion, der Projektion und der Beschreibung sollen uns erlauben Erkenntnisse über abstrakte Strukturen zu gewinnen. Abstraktion ermöglicht uns die abstrakte Struktur kleiner Systeme unmittelbar zu begreifen. Mit einer Projektion übertragen wir unsere Erkenntnisse kleinerer abstrakter Strukturen auf größere. Zuletzt erlaubt uns eine Beschreibung, wenn sie kohärent ist, auch Erkenntnisse über Strukturen, die der Abstraktion und Projektion nicht unmittelbar zugänglich sind. Wir wollen Shapiros Erkenntnistheorie hier nicht ausführlich diskutieren, möchten aber anmerken, dass wir die mathematische Intuition als Quelle der Erkenntnis abstrakter Strukturen in Shapiros Ansatz vermissen. Unserer Auffassung nach sind die gravierenden Probleme des abstrakten Strukturalismus andere.

Zuerst stellen wir fest, dass ein abstrakter Strukturalismus in Bezug auf die gesamte Mathematik versagt, insbesondere kann die Mengenlehre nicht rein strukturalistisch verstanden werden. Mengen sind grundlegende Gegenstände der Mathematik, die neben strukturellen auch intrinsische Eigenschaften haben. Eine Menge ist durch ihre Elemente eindeutig bestimmt, und die Eigenschaft einer Menge, ein Element zu enthalten bzw. nicht zu enthalten, lässt sich nicht strukturalistisch rekonstruieren. Die Eigenschaft einer Menge, ein Element zu enthalten bzw. nicht zu enthalten, ist nicht durch eine Relation zwischen Mengen gegeben. Insbesondere ist die leere Menge, auf die wir in der Mengenlehre keinesfalls verzichten können, dadurch charakterisiert, dass sie keine Elemente enthält, und diese Eigenschaft ist ganz offensichtlich intrinsisch und nicht strukturell. Ein Anhänger des abstrakten Strukturalismus in der Philosophie der Mathematik könnte versucht sein, Mengen aus der strukturellen Mathematik auszusondern und zu behaupten, dass die fundamentalen Gegenstände nicht aller, aber der meisten mathematischen Theorien, abstrakte Strukturen sind. Wir werden im Folgenden aufzeigen, dass diese Ansicht fragwürdig ist, da Mengen fundamentalere Gegenstände der Mathematik als Strukturen zu sein scheinen.

Ausgehend von einer Mengenlehre, wie sie etwa durch das Axiomensystem von Zermelo und Fraenkel bestimmt ist, lassen sich Strukturen formal definieren.[4] Eine Relation R auf einer Menge A ist in der Mengenlehre eine Menge von Paaren (a, b) bzw. Tupeln $(a_1, \ldots, a_n)$ mit Elementen aus A. Ein Paar ist dabei die Menge $\{a, \{a, b\}\}$ und auch ein Tupel lässt sich mengentheoretisch definieren. Ein System S lässt sich nun als ein Paar aus der Menge A und einer Menge von Relationen R_i auf der Menge A verstehen,

$$S = (A, \{R_i \mid i \in I\}).$$

Zwei Systeme sind isomorph, realisieren also die gleiche Struktur, wenn es eine relationserhaltende Abbildung zwischen ihnen gibt.[5] Zuletzt definiert man eine Struktur als eine Menge isomorpher Systeme. Wenn also abstrakte Mengen existieren, existieren auch abstrakte Strukturen als gewisse Typen von Mengen. Diese Definition einer Struktur steht im Widerspruch zur ersten Grundannahme des abstrakten Strukturalismus, dass Strukturen in der Mathematik fundamental sind. Einem Vertreter des abstrakten Strukturalismus sollte ein Strukturbegriff zur Verfügung stehen, der nicht auf den Mengenbegriff zurückgreift. In der philosophischen Literatur wird der Strukturbegriff als Grundbegriff verwendet, der nur zirkulär erläutert und nicht wohldefiniert wird. Eine axiomatische und nicht mengentheoretische Definition von Strukturen, die stark genug ist, als Grundlage mathematischer Theorien zu dienen, findet sich bedauerlicherweise nicht. Nur eine solche Definition könnte uns davon überzeugen, dass Strukturen in der Mathematik genauso grundlegend wie Mengen sind.[6]

---

[4] Wir beschreiben dieses Axiomensystem im Anhang (Kap. 13).
[5] Es ist eine recht technische Angelegenheit, dies zu präzisieren. Zwei Systeme $(A, \{R_i \mid i \in I\})$ und $(\tilde{A}, \{\tilde{R}_j \mid j \in J\})$ sind isomorph, wenn es Bijektionen $f : A \to \tilde{A}$ und $g : I \to J$ gibt, sodass: $(a_1, \ldots, a_{n_i}) \in R_i$ genau dann, wenn $(f(a_1), \ldots, f(a_{n_i})) \in \tilde{R}_{g(i)}$.
[6] Wir kommen auf dieses Thema in Abschn. 13.4 zur Kategorientheorie noch einmal zurück.

11.3   Konkreter Strukturalismus

Die zentrale These der Philosophie der Mathematik, die wir konkreten Strukturalismus nennen, lautet:

Mathematische Strukturen existieren als die Strukturen konkreter Systeme und nur als solche.

In der philosophischen Literatur wird der konkrete Strukturalismus zumeist *In-re-Strukturalismus* genannt.[7] Dies bedeutet, dass sich die mathematischen Strukturen in den Dingen finden. Wir sind der Auffassung, dass der Begriff *In-re-Strukturalismus* den Kern des konkreten Strukturalismus nicht eindeutig identifiziert. Wenn mathematische Strukturen als die Strukturen abstrakter Systeme verstanden werden, sind diese in gewissem Sinne auch *in re,* dies ist aber nicht die Position des konkreten Strukturalismus.

Dass eine mathematische Struktur als die Struktur eines konkreten Systems existiert, bedeutet, dass sie durch mindestens ein konkretes, d. h. raum-zeitliches System, realisiert bzw. exemplifiziert wird. Die Relationen, die eine mathematische Struktur bestimmen, sind damit Relationen zwischen Dingen in der raum-zeitlichen Realität. Konkreten Systemen kommt im konkreten Strukturalismus also ontologische Priorität zu. Existiert kein konkretes System, das eine mathematische Struktur realisiert, existiert diese nicht.

Der konkrete Strukturalismus kann als aristotelischer Strukturalismus in der Philosophie der Mathematik begriffen werden. Wir hatten bereits im Abschn. 11.1 darauf hingewiesen, dass Strukturen in der Terminologie der klassischen Metaphysik Universalien sind. Aristoteles war im Gegensatz zu Platon der Auffassung, dass das Sein der Einzeldinge Priorität gegenüber dem Sein der Universalien hat. Universalien sind für Aristoteles eine Abstraktion aus Einzeldingen; sie existieren, aber ihre Existenz ist nicht unabhängig von den Einzeldingen. Universalien gibt es nur, wenn auch Einzeldinge existieren, denen sie zukommen und aus denen sie gewonnen werden.[8] Betrachten wir nun statt Einzeldingen konkrete Systeme von Einzeldingen und deren Strukturen, erhalten wir aus dem aristotelischen Ansatz die Grundlage des konkreten Strukturalismus in der Philosophie der Mathematik.

Der Vorteil eines konkreten Strukturalismus gegenüber einem abstrakten Strukturalismus besteht darin, dass er ohne die Annahme einer eigenständigen Klasse abstrakter Gegenstände, die vollkommen unabhängig von der raum-zeitlichen Welt existieren, auskommt. Vielen Philosophen in der Moderne ist eine platonische Ontologie, in welcher Form auch immer, zu spekulativ. Trotzdem spielt ein aristotelischer Strukturalismus in der zeitgenössischen Philosophie der Mathematik keine große Rolle. Wir sehen den Grund hierfür in einem weithin akzeptierten Argument, das gegen den konkreten Strukturalismus spricht.

---

[7]Diese Nomenklatur findet sich in Shapiro (1997) und scheint allgemein gebräuchlich zu sein.
[8]Siehe hierzu wieder Stegmüller (1978).

Manche mathematischen Strukturen werden tatsächlich durch konkrete Systeme realisiert. Mathematisch orientierte empirische Wissenschaftler suchen und finden in raum-zeitlichen Systemen mathematische Strukturen. Manchmal ist die Vorgehensweise auch umgekehrt. Zu Strukturen, die mathematisch beschrieben und untersucht wurden, werden konkrete Systeme gesucht und gefunden, die diese realisieren. Die zweite Vorgehensweise findet sich insbesondere in der theoretischen Physik. Wir kennen jedoch bei weitem nicht zu allen Strukturen, die Gegenstand mathematischer Theorien sind, konkrete Systeme, die dies realisieren. Ein Anhänger des konkreten Strukturalismus hat zwei Möglichkeiten mit dieser Tatsache umzugehen. Er kann behaupten, dass zu allen mathematischen Strukturen konkrete Systeme existieren, die diese realisieren, manche dieser Systeme sind uns nur einfach noch nicht bekannt. Oder er kann behaupten, dass gewisse Strukturen, von denen mathematische Theorien sprechen, nicht existieren. Die erste Alternative ist eine weitreichende Spekulation über die mathematische Natur der raum-zeitlichen Welt, die sich wohl kaum begründen lässt. Zudem scheint die Kardinalität aller konkreten Systeme durch die Kardinalität des gesamten physikalischen Universums, d. h. seine Größe im mengentheoretischen Sinne, beschränkt zu sein. Die Kardinalität der mathematischen Strukturen, die wir beschreiben können, ist jedoch unbeschränkt.[9] Die zweite Alternative macht die Existenz von mathematischen Gegenständen von empirischen Befunden, nämlich der Existenz raum-zeitlicher Systeme, abhängig und erklärt damit gewisse mathematische Theorien für gegenstands- und bedeutungslos. Eine solche fundamentale Aufspaltung der Mathematik und Diskreditierung mancher mathematischen Theorien aufgrund eines empirischen Kriteriums erscheint uns absurd.

11.4 Eliminativer Strukturalismus

Der eliminative Strukturalismus in der Philosophie der Mathematik wird auch *Post-rem-Strukturalismus* genannt. Die Übersetzung des lateinischen Ausdrucks *post rem* lautet *nach den Dingen*. Die Hauptthesen dieser Position können wie folgt formuliert werden:

(1) Eine Aussage über eine mathematische Struktur ist nichts anderes als eine Aussage über Systeme mit gegebenen strukturellen Eigenschaften.
(2) Es gibt keine Strukturen als eigenständige Gegenstände der Mathematik.

---

[9]Betrachtet man zu einer Menge M die Potenzmenge $P(M)$, d. h. die Menge aller ihrer Teilmengen, so hat diese größere Kardinalität als M. Gehen wir von den natürlichen Zahlen aus, so beschreibt $|\mathbb{N}| < |P(\mathbb{N})| < |P(P(\mathbb{N}))| < |P(P(P(\mathbb{N})))| \ldots$ eine unbeschränkte Folge von Kardinalitäten. Siehe hierzu Kap. 1 in Neunhäuserer (2015). Selbst wenn die reellen Zahlen mit der Kardinalität $|P(\mathbb{N})|$ und auch die Menge aller Funktionen der reellen Zahlen in die reellen Zahlen mit der Kardinalität $|P(P(\mathbb{N}))|$ im physikalischen Universum konkret realisiert sein sollten, ist nicht davon auszugehen, dass große Kardinalitäten konkret realisierbar sind. Schon für die Menge $P(P(P(\mathbb{N})))$ behauptet dies, soweit uns bekannt, niemand.

Paul Benacerraf (1931–) und Oystein Linnebo (1971–) können als Vertreter dieser Position in der Philosophie der Mathematik gelesen werden.[10]

Gemäß der ersten These des eliminativen Strukturalismus ist die Rede über mathematische Strukturen nur eine Art über Systeme aus mathematischen Gegenständen mit bestimmten Relationen zwischen diesen Gegenständen zu sprechen. Die zweite These besagt, dass es keine Strukturen mit Plätzen oder Leerstellen gibt, auf die sich mathematische Begriffe beziehen, wie der abstrakte Strukturalismus behauptet. Der eliminative Strukturalismus lehnt auch die Annahme von In-re-Strukturen, also Universalien, die mathematischen Systemen zukommen, ab. Eine Aussage über eine mathematische Struktur ist im eliminativen Strukturalismus keine Aussage über eine Ante-re- oder In-re-Struktur. Sie bezieht sich vielmehr auf alle mathematischen Systeme, die bestimmte gegebene Eigenschaften haben. Eine solche Aussage bringt Gemeinsamkeiten einzelner mathematischer Systeme zur Sprache und stellt in diesem Sinne eine Verallgemeinerung dar. Betrachten wir als Beispiel den Satz *Jede natürliche Zahl ist das Produkt von Primzahlen* der Arithmetik. Dieser besagt, eliminativ interpretiert, dass in jedem System der natürlichen Zahlen jede Zahl des Systems Produkt von Primzahlen des Systems ist. Der Begriff der Primzahl wird hierbei durch einen Rückgriff auf die Relationen, die ein System der natürlichen Zahlen definieren, bestimmt.

Damit Aussagen über eine mathematische Struktur nicht gegenstandslos und damit bedeutungslos sind, muss ein Vertreter des eliminativen Strukturalismus die Existenz von mathematischen Systemen annehmen, die diese realisieren, also die geforderten strukturellen Relationen enthalten. Er benötigt eine starke Hintergrundontologie, die die Existenz von hinlänglich vielen mathematischen Gegenständen und mathematischen Systemen gewährleistet. Für jede mathematische Theorie, die Strukturen behandelt, muss es abstrakte Gegenstände geben, die die Theorie davor bewahrt, gegenstandslos zu werden. Die Ontologie einer hinlänglich starken axiomatischen Mengenlehre bietet sich als Grundlage des eliminativen Strukturalismus an. Eine solche Ontologie behauptet die Existenz einer Vielfalt von Mengen und Mengensystemen.[11] Uns ist keine Struktur, in welchem Sinne auch immer, bekannt, die sich nicht durch ein System von Mengen realisieren ließe. Wie wir bereits im Abschn. 10.2 aufgezeigt haben, lassen sich mathematische Systeme durch Mengen und Relationen auf diesen definieren. Eine Aussage über eine mathematische Struktur wird gemäß dieser Definition zu einer Aussage über isomorphe Mengensysteme. Mengen sind damit die ontologisch grundlegenden Gegenstände der Mathematik. Was vom Strukturalismus in seiner eliminativen und mengentheoretisch fundierten Form bleibt, ist folgende These:

Die Gegenstände der meisten mathematischen Theorien sind Strukturen im Sinne von Mengen isomorpher Mengensysteme.

---

[10]Siehe Benacerraf (1965) und Linnebo (2008).
[11]Wir verweisen hier wieder auf den Anhang des Buches.

Wenn man den Begriff der Menge und des Mengensystems hinreichend allgemein fasst, ist diese These für fast alle mathematischen Theorien nachweisbar wahr. In diesem Sinne ist die Mathematik tatsächlich die Wissenschaft der Strukturen, wie manchmal behauptet wird.

Wir gehen davon aus, dass die Variante des eliminativen Strukturalismus, die wir hier skizziert haben, von vielen Mathematikern und manchen Philosophen akzeptiert wird. Selbstverständlich gibt es auch Mathematiker und Philosophen, die den platonischen Realismus in Bezug auf Mengen, den wir voraussetzen, kritisieren. Da die Probleme des Platonismus bereits in Kap. 3 erörtert wurden, möchten wir auf diese hier nicht erneut eingehen. Bedauerlicherweise ist die Reduktion des Begriffs der Struktur auf den Mengenbegriff nicht einfach. Daher wäre eine axiomatische Definition von Strukturen, die ohne Menge auskommt, gewiss wünschenswert. In der Literatur zum Strukturalismus in der Philosophie der Mathematik haben wir dergleichen leider nicht entdecken können. Läge eine solche Definition vor, könnten wir prüfen, wie leistungsfähig sie als Grundlage mathematischer Theorien ist.

11.5 Modaler Strukturalismus

Der modale Strukturalismus in der Philosophie der Mathematik ist eine Variation des eliminativen Strukturalismus, den wir im Abschn. 11.4 besprochen haben. Die Idee des modalen Strukturalismus ist es, dass sich mathematische Theorien nicht auf tatsächlich existierende, sondern mögliche mathematische Systeme beziehen. Die zentrale These lautet daher:

Eine Aussage über eine mathematische Struktur ist nichts anderes als eine Aussage über alle möglichen Systeme mit gegebenen strukturellen Eigenschaften.

Der US-amerikanische Philosoph Geoffrey Hellman (1943–) ist der Hauptvertreter dieser Position in der Philosophie der Mathematik.[12]

Wie ein Anhänger des eliminativen Strukturalismus geht auch ein Vertreter des modalen Strukturalismus davon aus, dass Strukturen nicht als eigenständige Gegenstände der Mathematik existieren, und setzt sich damit vom abstrakten Strukturalismus ab. Im Gegensatz zum eliminativen Strukturalismus, den wir im Abschn. 11.4 beschrieben haben, versucht der modale Strukturalismus ohne die Annahme der Existenz abstrakter Systeme, also einer reichhaltigen mathematischen Ontologie, auszukommen. Eine Aussage über eine mathematische Struktur bezieht sich nicht auf reale mathematische Systeme, sondern auf mögliche Systeme. Betrachten wir als Beispiel wieder den Satz *Jede natürliche Zahl ist das Produkt von Primzahlen* der Arithmetik. Dieser besagt, modal strukturalistisch interpretiert, dass in jedem möglichen System der natürlichen Zahlen jede Zahl des Systems Produkt von Primzahlen des Systems ist.

---

[12] Siehe hierzu Hellman (1989).

Um die Position des modalen Strukturalismus zu präziseren, ist eine Erläuterung des Begriffs der Möglichkeit notwendig. Welche Art von Möglichkeit ist gemeint, wenn von möglichen mathematischen Systemen die Rede ist? Ist metaphysische Möglichkeit gemeint, schleichen sich starke ontologische Prämissen ein. Wir müssen die Existenz hinlänglich vieler möglicher mathematischer Welten annehmen, um mathematische Strukturen zu realisieren. Gegenüber der Annahme hinlänglich vieler Mengensysteme ist hiermit nichts gewonnen. Sind mit möglichen mathematischen Systemen physikalisch mögliche Systeme gemeint, ist der modale Strukturalismus mit den gleichen Problemen wie der konkrete Strukturalismus konfrontiert. Wir sind auf diese Probleme schon im Abschn. 11.3 eingegangen. Hellman versteht Möglichkeit als logische Möglichkeit und verwendet eine formale modale Logik, um seinen modalen Strukturalismus auszuformulieren. Wenn von möglichen mathematischen Systemen die Rede ist, sind damit logisch mögliche Systeme gemeint. Auch der Begriff der logischen Möglichkeit erfordert unserer Auffassung nach Erläuterung. Es ist heute üblich, logische Möglichkeit in mengentheoretischen Begriffen zu verstehen. Zu behaupten, dass ein Satz logisch möglich ist, heißt zu behaupten, dass es eine Menge gibt, die ihn erfüllt. Diese Option ist nicht im Sinne von Hellman, da sie wieder eine mengentheoretische Ontologie erfordert. Hellman scheint in seinem Werk den Begriff der logischen Möglichkeit als Grundbegriff zu verwenden, der durch sein System als Ganzes expliziert wird. Als Grundlage der Arithmetik enthält sein System die Annahme, dass es logisch möglich ist, dass eine abzählbar unendliche Folge und damit ein System, das die Struktur der natürlichen Zahlen realisiert, existiert. Diese Annahme entspricht der Annahme der Existenz einer induktiven Menge in einer axiomatischen Mengenlehre, aus der die Existenz eines Mengensystems, das die Struktur der natürlichen Zahlen realisiert, folgt.

Wir haben den Eindruck, dass Hellmans System tatsächlich als Grundlage der Arithmetik dienen kann. Wir bezweifeln jedoch, dass sich Hellmans Ansatz auf alle mathematischen Theorien, die mengentheoretisch formulierbar sind, übertragen lässt. Insbesondere sind modulare Prinzipien, die dem Potenzmengenaxiom und Auswahlaxiom der Mengenlehre entsprechen, unklar. Noch schwerwiegender scheint uns das erkenntnistheoretische Problem des modularen Strukturalismus zu sein. Wenn wir ein abstraktes System erkennen, erkennen wir damit die logische Möglichkeit seiner Existenz. Wie lässt sich aber die logische Möglichkeit der Existenz eines abstrakten System erkennen, ohne die Existenz des Systems zu erkennen? Ein Anhänger des modularen Strukturalismus sollte uns eine Antwort auf diese Frage geben, und damit den Begriff der logischen Möglichkeit klären. Wir finden in der Literatur leider keine Antwort auf unsere Frage.

Naturalismus 12

Inhaltsverzeichnis

12.1 Einführung

Der Naturalismus ist eine einflussreiche philosophische Denkrichtung, die Spuren im aktuellen medialen Diskurs hinterlässt: Alles was existiert, auch der Mensch und sein Werk, sind Teil der Natur. Wenn wir Natur als Gegensatz der spirituell-mystischen Welt des Übernatürlichen begreifen, ist die These des Naturalismus ein Grundsatz der Aufklärung. Der Begriff der Natur wird in der zeitgenössischen Philosophie allerdings anders gefasst. Die Natur wird mit der raum-zeitlichen physikalischen Realität identifiziert. Die These des ontologischen Naturalismus lautet demnach:

Alles was existiert, egal ob es sich um Gegenstände, Eigenschaften, Ereignisse oder Vorgänge handelt, ist Teil der raum-zeitlichen physikalischen Realität.

Insbesondere geht der ontologische Naturalismus davon aus, dass geologische, chemische, biologische, soziologische, ökonomische und kulturelle Ereignisse und Vorgänge Teil der physikalischen Realität sind. Weiterhin folgt aus einem konsequenten ontologischen Naturalismus unmittelbar, dass es weder mentale Ereignisse und Vorgänge noch abstrakte Gegenstände jenseits der raum-zeitlichen physikalischen Realität gibt. Würde der Begriff der Natur weiter gefasst, wäre solch eine Folgerung nicht unbedingt notwendig. Wir könnten uns damit anfreunden abstrakte Gegenstände, wie die natürlichen und die reellen Zahlen, und mentale Vorgänge, wie Gedanken und Gefühle, für irreduzible Bestandteile der Natur zu halten. Diese Position ist

© Springer-Verlag GmbH Deutschland, ein Teil von Springer Nature 2021
J. Neunhäuserer, *Einführung in die Philosophie der Mathematik*,
https://doi.org/10.1007/978-3-662-63714-2_12

derzeit nicht sehr verbreitet. Wir sehen im zeitgenössischen ontologischen Naturalismus vielmehr eine moderne Variante des klassischen Materialismus, der sich zum Beispiel bei den deutschen Materialisten des 19 Jahrhunderts findet.[1] Der ontologische Naturalismus ist wie der klassische Materialismus monistisch und lässt keine metaphysische Pluralität zu.

In Bezug auf den Geist hat ein Anhänger des ontologischen Naturalismus zwei Möglichkeiten, entweder er leugnet dessen Existenz oder er behauptet, dass sich mentale Vorgänge auf geeignete physikalische Vorgänge reduzieren lassen, und der Geist damit naturalisierbar ist. Die offensichtlichen Korrelationen zwischen mentalen und neurologischen Vorgängen begründen solch eine Reduktion jedoch nicht. Wir bezweifeln, dass Gedanken und Gefühle tatsächlich nichts anderes als neurologische Vorgänge sind. Es gibt robuste philosophische Argumente, die eine ontologische Reduktion mentaler Vorgänge auf physikalische Vorgänge auszuschließen scheinen.[2] Für die Philosophie der Mathematik sind diese Argumente aber nicht von Belang. In Bezug auf die Mathematik hat ein Vertreter des ontologischen Naturalismus die Möglichkeit, die Existenz mathematischer Gegenstände zu leugnen oder zu behaupten, dass diese konkret in der raum-zeitlichen Welt realisiert sind. Wir gehen im Abschn. 12.4 auf die Ansätze des ontologischen Naturalismus in der Philosophie der Mathematik ein.

Mehr Beachtung als der ontologische Naturalismus erhält der methodische Naturalismus in der zeitgenössischen Philosophie. Der Ausgangspunkt des methodischen Naturalismus kann wie folgt formuliert werden:

Die besten Methoden, die wir haben, um Erkenntnisse zu gewinnen, sind die Methoden der Wissenschaften. Diese Methoden sollten die erkenntnistheoretische Grundlage der Philosophie sein.

Welche Methoden von Naturalisten als wissenschaftlich anerkannt werden, ist nicht einheitlich. Gemeinsam ist allen Naturalisten jedoch die Betonung der empirischen Methodik, also der Rechtfertigung oder Widerlegung wissenschaftlicher Theorien durch systematische Beobachtungen bzw. Experimente. Andere verbreitete Forderungen des Naturalismus an wissenschaftliche Theorien sind Allgemeinheit, Einfachheit und Eleganz sowie Verständlichkeit und Vertrautheit. Wir sehen im methodischen Naturalismus eine Weiterentwicklung des klassischen Empirismus, auf den wir schon im Abschn. 4.1 eingegangen sind. Der methodische Naturalismus betont die Erfolge empirischer Forschung bei unserem Versuch die Welt zu verstehen und zu kontrollieren. Wie der klassische Empirismus lehnt er Methoden ab, die Theorien a priori, d. h. unabhängig von jeglicher sinnlichen Erfahrung, rechtfertigen. Philosophische Methoden, die von Intuition und unmittelbarer rationaler Einsicht ausgehen, sind den Naturalisten suspekt. Der Philosoph soll sich auf die Anwendung von

---

[1] Vertreter eines wissenschaftlichen Materialismus im 19. Jahrhundert waren Carl Vogt (1817–1895), Ludwig Büchner (1824–1899) und auch der Niederländer Jakob Moleschott (1822–1893).
[2] Wir haben einige dieser Argumente in Neunhäuserer (2007) zusammengestellt.

Methoden, die einem wissenschaftlichen Paradigma folgen, beschränken. Nun ist der Grundsatz des methodischen Naturalismus selbst eindeutig normativ und nicht deskriptiv. Er lässt sich daher nicht mit wissenschaftlichen Methoden begründen. Entweder ein Naturalist verzichtet auf eine Begründung seiner These und wird damit zum Dogmatiker oder er muss seine These einschränken und den Wert einer philosophischen Erkenntnistheorie, die einen eingeschränkten methodischen Naturalismus rechtfertigt, anerkennen.

Neben erkenntnistheoretischen Problemen hat der methodische Naturalismus auch erhebliche Probleme mit dem Entwurf einer Philosophie der Mathematik. Auf der einen Seite werden mathematische Methoden in den Naturwissenschaften und auch in allen anderen empirischen Wissenschaften unentwegt eingesetzt. In der zeitgenössischen Wissenschaft ist die Mathematik unverzichtbar. Auf der anderen Seite sind mathematische Theorien, für sich genommen, nicht empirisch, sie werden de facto nicht durch Beobachtungen oder Experimente bestätigt oder widerlegt. Wir werden in den Abschn. 12.3 und 12.4 beschreiben, wie der methodische Naturalismus versucht, zu einer vernünftigen Bezugnahme auf die Mathematik vorzudringen. Zunächst stellen wir den methodischen Naturalismus des einflussreichen US-amerikanischen Philosophen Willard Van Orman Quine (1908–2000) vor und diskutieren seine Philosophie der Mathematik. Danach gehen wir auf Varianten des methodischen Naturalismus ein, die sich bei der US-amerikanischen Philosophin Penelope Maddy (1950–) und den US-amerikanischen Philosophen John Burgess (1948–) und Gideon Rosen (1962–) finden.

12.2 Quines Naturalismus

In Quines frühem Werk findet sich ein radikaler Formalismus und ein Nominalismus in Bezug auf die Mathematik. Wir sind hierauf bereits in Kap. 9 eingegangen. In seinem späteren Werk revidiert Quine seine Position und seine Philosophie der Mathematik wird zum Bestandteil eines methodischen Naturalismus.[3] Ausgangspunkt und Grundlage dieses Naturalismus ist ein ausgeprägter Holismus in der Erkenntnistheorie, den wir zunächst erläutern wollen. Die Idee des Holismus ist es, dass sich einzelne wissenschaftliche Aussagen nicht belegen oder widerlegen lassen. Es sind Theorien, also ganze Systeme von Aussagen, die einen empirischen Gehalt haben und die durch Beobachtungen und Experimente bestätigt oder widerlegt werden. Quine spricht von dem *Netz unserer Überzeugungen*, an dessen Rändern sich Überzeugungen finden, die auf Beobachtungen und Experimente rekurrieren. Alle Überzeugungen in einem solchen Netz sind miteinander verbunden und keine dieser Überzeugungen ist unrevidierbar. Wenn wir aufgrund neuer empirischer Befunde eine Überzeugung revidieren, kann dies prinzipiell Anpassungen jedweder anderer Überzeugungen des Netzes nach sich ziehen. Die Gesamtheit der Aussagen der Wissenschaften konstituieren für Quine ein einziges großes Netz, das offen für empirisch motivierte Anpassungen ist.

---

[3] Hier sind insbesondere Quine (1981, 1995, 1990) relevant.

Quine lehnt die klassische philosophische Unterscheidung zwischen Aussagen, die a priori wahr sind, und Aussagen, die empirisch wahr sind, sowie die Unterscheidung zwischen Aussagen, die analytisch, und Aussagen, die synthetisch sind, ab.[4] Im Netz der wissenschaftlichen Aussagen ist keine Aussage vollkommen unabhängig von Erfahrung und damit a priori wahr. Quine vertritt auch in Bezug auf die Bedeutung wissenschaftlicher Begriffe einen Holismus. Da die Bedeutung der wissenschaftlichen Begriffe von ihrer Rolle im wissenschaftlichen Diskurs abhängig ist, gibt es keine wissenschaftlichen Aussagen, die allein aufgrund der Bedeutung der verwendeten Begriffe wahr, also analytisch, sind. Hier erinnert Quines Ansatz an den Strukturalismus, den wir in Kap. 11 diskutiert haben.

Die Mathematik ist für Quine ein Teil des wissenschaftlichen Gesamtsystems. Mathematische Aussagen bringen Überzeugungen zum Ausdruck, die Teil des Netzes aller unserer wissenschaftlichen Überzeugungen sind. Mathematische Axiome sind für Quine nicht aufgrund a priorischer mathematischer Intuition oder rationaler Einsicht gerechtfertigt. Die Rechtfertigung mathematischer Theorien und insbesondere mathematischer Axiomensysteme besteht vielmehr in der Rechtfertigung des Gesamtsystems durch Beobachtungen und Experimente. Damit sind mathematische Theorien nicht unabhängig von empirischen Befunden, sondern können aufgrund solcher revidiert werden. Einzelne Aussagen der Mathematik sind nicht a priori, d. h. unabhängig von jedweder Erfahrung wahr, da kein Teil des Netzes unserer wissenschaftlichen Überzeugungen vollkommen unabhängig von empirischen Befunden ist. Letztendlich haben mathematische Theorien kraft der Rolle, die sie in den empirischen Wissenschaften spielen, empirischen Gehalt. Selbst die Logik ist für Quine Teil des wissenschaftlichen Gesamtsystems und nicht vor Revisionen gefeit. Sehen wir vom Satz des ausgeschlossenen Widerspruchs ab, unterliegt auch die Logik bei Quine einem holistischen und empiristischen Dogma. Logische und analytische Sätze, die allein aufgrund der Bedeutung der in ihnen verwendeten Begriffe wahr sind, haben in Quines methodischem Naturalismus keinen Platz.

In der Ontologie geht Quine von dem Prinzip aus, dass wir die Existenz derjenigen Gegenstände annehmen sollten, die in unseren besten wissenschaftlichen Theorien unverzichtbar sind. Nun sind manche abstrakte mathematische Gegenstände in unseren besten wissenschaftlichen Theorien tatsächlich unverzichtbar und wir sollten daher deren Existenz annehmen. Wir sind auf diese Argumentation bereits in Kap. 3 eingegangen. Wenn Quine von den Wissenschaften spricht, bezieht er sich immer auf die Gesamtheit der Wissenschaften, die einen empirischen Bezug haben. Er vertritt also einen Realismus in Bezug auf den Teil der Mathematik, der Anwendung in den empirischen Wissenschaften findet und dort unverzichtbar ist. Seine Haltung in Bezug auf den Teil der Mathematik, der keine Anwendung findet und vermutlich auch nicht finden wird, bleibt unklar. Zumeist scheint er diesen Teil der Mathematik zu ignorieren.

Quines Naturalismus ist kein ontologischer Naturalismus. Aus seinem, an den Wissenschaften orientierten ontologischen Prinzip folgt die Existenz gewisser

---

[4]Siehe hierzu auch Kap. 5.

abstrakter Gegenstände genauso wie die Existenz gewisser konkreter Gegenstände. Konkrete Gegenstände, wie etwa Elementarteilchen, haben raum-zeitliche Eigenschaften. Abstrakte Gegenständen, wie etwa Zahlen, haben diese Eigenschaften nicht und sind daher nicht Teil der physikalischen Realität.

Quines Philosophie der Mathematik mag originell sein, sie stellt unserer Auffassung nach aber keine Bezugnahme auf die mathematische Praxis dar. Wir zweifeln sogar, ob es sich bei ihr überhaupt um eine vernünftige philosophische Bezugnahme auf die Mathematik handelt.

Es ist allgemein bekannt, dass Mathematiker in ihrer beruflichen Praxis keine Beobachtungen der raum-zeitlichen Natur oder Experimente an dieser durchführen. Dem forschenden Mathematiker, der Begriffe definiert, Vermutungen aufstellt und Sätze beweist, erscheinen empirische Befunde für die eigene Praxis irrelevant. Auch im Wissenschaftsbetrieb wird von einem Mathematiker im Allgemeinen nicht erwartet, dass er Entwicklungen in den empirischen Wissenschaften kennt und manch ein ausgezeichneter Mathematiker kennt diese Entwicklungen tatsächlich nicht. Wenn mathematische Resultate aus empirischen Gründen revidierbar sind, wie Quine meint, wäre die mathematische Praxis in einem fundamentalen Aspekt irrational. Wir glauben nicht, dass Quine dies ernsthaft behaupten möchte.

Neben der mangelhaften Bezugnahme auf die mathematische Praxis glauben wir in Quines Philosophie der Mathematik einen Widerspruch zu erkennen. Sein ontologisches Prinzip impliziert die Existenz mathematischer Gegenstände im platonischen Sinne, siehe hierzu wieder Kap. 3. Quines Wissenschaftsbegriff zieht hier eine ontologische Aufspaltung der Mathematik nach sich, die wir nicht akzeptieren, aber dies ist nicht der entscheidende Punkt. Die Rechtfertigung des wissenschaftlichen Gesamtsystems und damit der mathematischen Theorien in diesem, ist bei Quine letztendlich empirisch. Nun besagen aber Beobachtungen und Experimente nichts über abstrakte Gegenstände, die der raum-zeitlichen physikalischen Welt entzogen sind. Ein Platonismus in der Ontologie der Mathematik ist unserer Auffassung nach mit einem Empirismus in der Erkenntnistheorie der Mathematik unvereinbar.

12.3 Varianten des methodischen Naturalismus

Der methodische Naturalismus, den wir bei Penelope Maddy, John Burgess und Gideon Rosen finden, stimmt in seinen Grundzügen mit dem Naturalismus von Quine überein. Die Philosophie soll sich an der wissenschaftlichen Methodik orientieren und wissenschaftliche Ergebnisse berücksichtigen. Ein Philosoph ist methodischer Naturalist, wenn er dieser Forderung nachkommt, und Maddy sowie Burgess und Rosen tun dies.[5] Hierbei sind allerdings Unterschiede in der Philosophie der Mathematik zu erkennen, die wir aufzeigen wollen. Die postquinaischen Naturalisten sind sich darüber einig, dass der methodische Naturalismus, in seiner wissenschaftlichen Untersuchung der Wissenschaften, eine Erklärung der mathematischen Methoden in

---

[5]Siehe hierzu Maddy (1997) und Burgess und Rosen (1997).

den Wissenschaften geben sollte und dass Quines Ansatz in dieser Hinsicht unbefriedigend ist.

Ein Ausgangspunkt von Maddys Philosophie der Mathematik ist die Forderung, dass der methodische Naturalismus die mathematische Praxis respektieren soll. Dabei muss die gesamte mathematische Praxis, unabhängig davon, ob mathematische Resultate eine Anwendung in den empirischen Wissenschaften finden oder nicht, ernst genommen werden. Für Maddy gehören die Begründung und die Kritik der Existenzaussagen der Mathematik zur mathematischen Praxis und sollten auf internen mathematischen und nicht auf externen philosophischen Methoden beruhen. Die zeitgenössische Mathematik nimmt die Existenz von abstrakten Mengen, Relationen, Funktionen, Zahlen, Räumen, usw. an und der methodische Naturalismus sollte diese Annahmen akzeptieren. Die Mathematik gibt uns keine Antwort auf die ontologische Frage, in welchem metaphysischen Sinne mathematische Gegenstände existieren, was also ihre metaphysische Natur ist. Der methodische Naturalist sollte solche außer-mathematischen metaphysischen Fragen ignorieren und sich mit inner-mathematischen Begründungen von Existenzaussagen beschäftigen. Die Wissenschaft als Ganzes ist für Maddy frei, alle mathematischen Theorien, die nützlich und effektiv sind, zu verwenden und muss sich nicht mit der abstrakten Ontologie dieser Theorien auseinandersetzen.

Maddy erkennt die rein deduktive Methodik mathematischer Beweise an und schlägt eine Begründung der Logik vor.[6] Basale logische Prinzipien, wie etwa der Satz des ausgeschlossenen Widerspruchs, sind für uns offensichtlich, da sie grundlegend für unser begriffliches Verständnis der empirischen Welt sind. Diese Prinzipien sind gerechtfertigt, da wir feststellen, dass die einfachen Strukturen, auf die sie sich beziehen, tatsächlich in der Welt vorhanden sind. Weiterführende logische Prinzipien stellen Idealisierungen dar. Wie alle wissenschaftlichen Idealisierungen sind sie durch ihre Angemessenheit in einem bestimmten gegebenen Kontext gerechtfertigt. In den meisten Kontexten ist für Maddy die klassische Logik angemessen; Argumente für eine abweichende Logik zeigen auf, dass die Idealisierungen der klassischen Logik in einem bestimmten Kontext unangemessen sind.

Zu Maddys Philosophie der Mathematik erscheinen uns einige Bemerkungen angebracht. Es ist fraglos ehrenwert, dass Maddys Philosophie auf die mathematische Praxis Bezug nimmt. Das Fehlen einer solchen Bezugnahme bei Quine haben wir im Abschn. 12.2 kritisiert. Dass mathematische Methoden, namentlich Existenzbeweise oder Existenzwiderlegungen, in vielen Fällen klären, welche mathematischen Gegenstände existieren und welche nicht, ist richtig. Grundlegende Existenzbehauptungen der Mathematik sind jedoch Axiome, die nicht bewiesen werden. Dies trifft zum Beispiel auf die Existenz der natürlichen Zahlen, die Existenz der Potenzmenge oder die Existenz einer Auswahlfunktion zu. Wir sind hierauf schon mehrfach eingegangen. Wir stellen uns nun die Frage, ob Maddy die mathematische Intuition, die solche Axiome begründet, als mathematische Methode anerkennt. Wäre dem so, so

---

[6]Siehe hierzu Maddy (2002).

würde sie das empirische Dogma des methodischen Naturalismus hinter sich lassen,
da die mathematische Intuition keine empirische Erkenntnismethode darstellt.

Wir stimmen mit Maddy darin überein, dass uns die Mathematik keine Auskunft
darüber erteilt, in welchem ontologischen Sinne ihre Gegenstände existieren. Im
Gegensatz zu ihr sind wir aber der Überzeugung, dass es eine wesentliche Aufgabe
der Philosophie der Mathematik ist, zu ontologischen Fragen Stellung zu nehmen.
Unser Verständnis der Philosophie der Mathematik schließt eine Beschränkung auf
Fragestellungen, die sich mit wissenschaftlichen Methoden beantworten lassen, aus.
Eine agnostische Haltung zu ontologischen Fragen ist möglich, aber unbefriedigend.

Zuletzt möchten wir noch anmerken, dass uns Maddys Konzeption der mathematischen Logik unverständlich ist. Die formale Logik, die in der Mathematik Verwendung findet, handelt von den Strukturen von Aussagen bzw. Aussageformen, siehe
hierzu Kap. 7. Ob und in welchem Kontext Logik in der Welt angewendet wird,
erscheint für die Gültigkeit der Sätze der Aussagenlogik und Prädikatenlogik irrelevant zu sein. Auch eine Idealisierung, wie sie in den Naturwissenschaften üblich
sein mag, können wir in der formalen Logik nicht erkennen.

Kommen wir nun zur Philosophie der Mathematik von Burgess und Rosen. Diese
stimmt mit Maddys Philosophie darin überein, dass sie mathematische Methoden
und Theorien ernst nimmt, auch wenn diese keine Anwendungen in den empirischen Wissenschaften finden. Sie kritisieren an Quines Naturalismus explizit, dass
er die empirischen Wissenschaften bevorzugt und die Mathematik marginalisiert.
Die Gesamtheit der Wissenschaften besteht für Burgess und Rosen nicht nur aus
den empirischen Wissenschaften, sondern auch aus der Mathematik, und sie lehnen
jedwede Aussonderung der Mathematik ab. In den Wissenschaften hat die Mathematik ihre eigene Methode rigoroser deduktiver Beweise und diese unterscheidet sich,
wie Burgess und Rosen zu Recht feststellen, von empirischen Methoden wie systematischen Beobachtungen und Experimenten. In der Philosophie der Mathematik
akzeptieren Burgess und Rosen neben der Verwendung empirischer auch die Verwendung mathematischer Methoden. Dies ist im Sinne des methodischen Naturalismus,
da mathematische Methoden Teil der Wissenschaft sind. Hier ist ein Unterschied zu
Maddys Philosophie zu erkennen, die in der wissenschaftlichen Bezugnahme auf die
Mathematik empirische Methoden zu bevorzugen scheint.

Burgess und Rosen sehen keinen Anlass, auf abstrakte Gegenstände in den Wissenschaften zu verzichten. Ontologische Sparsamkeit gehört für sie nicht zu den
grundlegenden wissenschaftlichen Tugenden. Für die Wissenschaften sind vielmehr
mathematische Standards, wie Präzision und Widerspruchsfreiheit bedeutend. Dass
abstrakte Gegenstände in den Wissenschaften gebräuchlich und zweckmäßig sind,
reicht für Burgess und Rosen aus, deren Existenz anzunehmen. Nur wissenschaftliche Gründe rechtfertigen die Ablehnung der Existenz eines abstrakten Gegenstandes. Bei diesen Gründen kann es sich um Widersprüche, die aus der Annahme des
Gegenstandes folgen, oder um eine unklare Definition des Gegenstandes handeln.
Die Mathematik ist für Burgess und Rosen als eigenständige Wissenschaft dazu
fähig, ihre Existenzbehauptungen unabhängig von den empirischen Wissenschaften
zu rechtfertigen. Diese Annahme steht im Widerspruch zu Quines Doktrin, nach der
die Existenz mathematischer Gegenstände durch ihre Unverzichtbarkeit in den empi-

rischen Wissenschaften begründet ist. Dass mathematische Systeme in den empirischen Wissenschaften als Modelle genutzt werden, zeigt für Burgess und Rosen nur, dass diese eine zweckmäßige Art sind, raum-zeitliche Systeme zu beschreiben.

Die Philosophie der Mathematik von Burgess und Rosen betont die Unabhängigkeit der Mathematik von den empirischen Wissenschaften, sowohl im Hinblick auf ihre Methoden als auch im Hinblick auf ihre Existenzbehauptungen. Wir begrüßen dies. Es stellt sich allerdings die Frage, ob Burgess und Rosen mathematische Methoden anerkennen, die entscheiden, welche Axiomensysteme die Mathematik verwenden soll, und damit bestimmen, welche mathematischen Gegenstände existieren. Wir vermuten, dass Burgess und Rosen alle wohldefinierten Axiomensysteme, die von Mathematikern verwendet werden und nicht zu Widersprüchen führen, in gleichem Maße anerkennen. Diese Haltung ist problematisch, da sich aus unterschiedlichen Axiomensystemen der Mathematik widersprüchliche Existenzbehauptungen herleiten lassen[7]. Eine rationalistische Erkenntnistheorie der Mathematik geht von mathematischen Methoden wie mathematischer Intuition oder unmittelbarer rationaler Einsicht aus, die bestimmte Axiomensysteme begründen und andere Axiomensysteme zurückweisen. Anhänger des methodischen Naturalismus können solch eine Erkenntnistheorie der Mathematik vermutlich nicht akzeptieren, da ihnen die zugrunde liegende Methodik unwissenschaftlich zu sein scheint. Insbesondere in der angelsächsischen Philosophie ist ein Misstrauen gegenüber rationalistischer Methodik tief verankert.

12.4   Ontologischer Naturalismus

Die grundlegende Annahme des ontologischen Naturalismus in der Philosophie der Mathematik lautet:

Die Gegenstände der Mathematik finden sich in der raum-zeitlichen Natur.

Diese Position kann als nicht-platonischer Realismus in Bezug auf die Mathematik charakterisiert werden; die Gegenstände der Mathematik existieren unabhängig von mentalen Vorgängen, sind aber nicht abstrakt. Im 19. Jahrhundert war der einflussreiche britische Philosoph, Politiker und Ökonom John Stuart Mill (1806–1873) Verfechter einer naturalistischen Philosophie der Mathematik.[8] Die Gesetze der Mathematik sind für Mill Naturgesetze, die wir letztendlich durch empirische Induktion rechtfertigen. Mill schließt die Verwendung deduktiver Methoden in der Mathematik zwar nicht aus, jede logische Schlussregel ist für ihn aber selbst nur so stark wie ihre induktive Rechtfertigung. Die Begründung der Aussagen der Arithmetik besteht für Mill in der Verallgemeinerung konkreter Beispiele. Die Aussage $2 + 1 = 3$ ist demgemäß nichts anderes als eine Verallgemeinerung der Tatsachen,

---

[7]Wir sind hierauf bereits in Abschn. 3.5 zur Kontinuumshypothese eingegangen.
[8]Siehe hierzu Mill (1843).

dass zwei Pferde und ein Pferd zusammen drei Pferde ergeben, dass zwei Menschen zusammen mit einem Mensch drei Menschen sind, usw. Auch die Gesetze der Geometrie beziehen sich für Mill auf die konkrete raum-zeitliche Realität. Mill glaubt zwar nicht, dass perfekte Punkte, Geraden oder Ebenen in der Natur existieren, diese Gegenstände sind aber Idealisierungen, die auf einer induktiven Verallgemeinerung unserer Beobachtungen der Natur beruhen. Eben diese Verallgemeinerung begründet die Axiome der Geometrie. Mills Erkenntnistheorie ist durchgängig empiristisch, es gibt für ihn kein a priorisches Wissen.

Mill lehnt einen Platonismus in der Ontologie der Mathematik explizit ab, die Gegenstände der Mathematik sind für ihn nicht abstrakt. Zahlen sind für Mill Eigenschaften von Ansammlungen konkreter Gegenstände in der raum-zeitlichen Natur. Die Zahlzeichen beziehen sich also auf alle Ansammlungen physikalischer Objekte, die eine numerische Eigenschaft gemeinsam haben. Die Zahl 2 bezeichnet alle Ansammlungen von zwei Gegenständen in der konkreten raum-zeitlichen Realität. Die Gegenstände der Geometrie sind für Mill Grenzfälle realer physikalischer Objekte. Eine Gerade der Geometrie ist also der Grenzfall physikalischer Objekte, die beinahe Geraden sind. Für Mill sind auch die Gegenstände der Geometrie als Grenzfälle Teil der raum-zeitlichen Natur. Sowohl in Bezug auf die Arithmetik als auch in Bezug auf die Geometrie ist Mill damit offenkundig ontologischer Naturalist.

Bevor wir zu einer kritischen Diskussion des ontologischen Naturalismus übergehen, möchten wir noch die Philosophie der Mathematik des Australiers David Armstrong (1926–2014) vorstellen, der als bedeutender Vertreter des ontologischen Naturalismus im 20. Jahrhundert gilt.[9] Im Mittelpunkt von Armstrongs Philosophie steht ein metaphysischer Materialismus, gepaart mit einer kausalen Erkenntnistheorie. Wir gewinnen Erkenntnis über Gegenstände, indem wir mit ihnen kausal interagieren, und die Gegenstände, mit denen wir kausal interagieren, sind physikalisch.

In Bezug auf die natürlichen Zahlen unterscheidet sich der Ansatz Armstrongs nicht wesentlich von Mills Ansatz. Natürliche Zahlen sind Eigenschaften, die Zusammenfassungen konkreter Gegenstände gemeinsam sind. Diese Eigenschaften sind für Armstrong Universalien eines bestimmen Typs. Reelle Zahlen sind für Armstrong nichts anderes als Verhältnisse konkreter Gegenstände. Die Zahl π ist zum Beispiel bestimmt als das Verhältnis des Umfangs zum Durchmesser jedes Kreises. Armstrong entwickelt auch eine Theorie der Klassen in Analogie zur klassischen Mengenlehre. Alle Klassen sind für Armstrong konkret, in dem Sinne, dass sie zumindest potentiell Teil der raum-zeitlichen Realität sind. Sie sind damit Möglichkeiten konkrete Gegenstände zusammenzufassen. Solche Zusammenfassungen beschreiben Eigenschaften, die wir in der raum-zeitlichen Natur vorfinden. Armstrong versucht auch mengentheoretische Operation, wie die Vereinigung, zu konkretisieren. Die Komposition von Klassen ist für ihn eine konkrete Operation, die Klassen zusammenfügt. Das Komplement einer Klasse, also die Klasse der Elemente, die nicht zu einer Klasse gehören, lässt sich aber nicht in dieser Art bestimmen. Die Operation der Negation ist nicht konkret. Armstrongs Theorie der Klassen ist in dieser Hinsicht

---

[9]Siehe hierzu Armstrong (1997).

unvollständig und als Grundlage einer axiomatischen Mengenlehre nicht geeignet. Armstrong unternimmt auch nicht den Versuch, Zahlen als Mengen von Mengen zu definieren, wie es in der zeitgenössischen Grundlegung der Mathematik üblich ist.

Auf den ersten Blick entbehrt die Ontologie der natürlichen Zahlen der Naturalisten nicht an Plausibilität. Betrachtet man die Angelegenheit jedoch genauer, verfliegt dieser Eindruck. Das erste Problem, das sich stellt, betrifft die Unendlichkeit der natürlichen Zahlen. Eine Ontologie der Mathematik nur auf einen endlichen Teil der natürlichen Zahlen zu beziehen, ist gewiss unbefriedigend. Nun gibt es in der raum-zeitlichen Natur vermutlich nur endlich viele Elementarteilchen. Ob es endlich oder unendlich viele mögliche Konfigurationen dieser in der physikalischen Raum-Zeit gibt, ist offen und hängt davon ab, ob die Raum-Zeit unendlich oder kontinuierlich ist. Wären die natürlichen Zahlen tatsächlich die Zusammenfassung von konkreten Objekten und betrachten wir alle möglichen Konfigurationen der Elementarteilchen in der Raum-Zeit als solche, folgt, dass die physikalische Raum-Zeit entweder unendlich oder kontinuierlich ist. Dass die Ontologie der Mathematik physikalische Probleme entscheidet, ist gewiss inakzeptabel. Das zweite Problem des Naturalismus besteht darin, anzugeben, welche Zusammenfassungen von konkreten Objekten mit natürlichen Zahlen identifiziert werden dürfen. Betrachten wir zum Beispiel die Zusammenfassung der konkreten Objekte 1 und 2, also $\{1, 2\}$. Wird diese Zusammenfassung selbst mit der Zahl Zwei identifiziert, $2 = \{1, 2\}$, so wäre die Zahl Zwei echter Teil der Zahl Zwei, was unsinnig erscheint. Der ontologische Naturalismus kann also im Allgemeinen nicht von der Anzahl der Zusammenfassung von Zahlen sprechen. In der Zahlentheorie sind solche Anzahlen von großer Bedeutung. Dies wird klar, wenn wir zum Beispiel an die Funktion $\pi(n)$, die die Anzahl der Primzahlen kleiner n angibt, denken.

Betrachten wir nun Armstrongs Vorschlag einer naturalistischen Ontologie der reellen Zahlen. Eine solche Ontologie würde ganz nebenbei auch eine Ontologie der natürlichen Zahlen implizieren, da diese in die reellen Zahlen eingebettet sind. Auf den ersten Blick wirkt die Identifikation der Zahl π mit dem Verhältnis von Umfang und Durchmesser von Kreisen vernünftig. Wenn Armstrong allerdings tatsächlich konkrete Kreise meint, erhält man so nur eine Approximation von π. Man müsste schon die idealen Kreise der euklidischen Geometrie betrachten, um π zu definieren. Ob sich ideale Kreise aber in der Natur identifizieren lassen, ist mehr als fragwürdig. Es bleibt auch vollkommen unklar, wie Armstrong alle reellen Zahlen, und damit auch alle natürlichen Zahlen, als Verhältnisse in der raum-zeitlichen Natur naturalisieren möchte.

Die Naturalisierung der Geometrie als Idealisierung, die Mill vorschlägt, ist im Lichte der zeitgenössischen Mathematik kaum haltbar. Die Mathematik kennt heute unterschiedliche Geometrien und welche davon als Modell der physikalischen Raum-Zeit dienen kann, ist noch nicht vollständig geklärt. Durch eine Idealisierung der Geometrie der konkreten Realität erhält man vermutlich nur eine dieser Geometrien und wir wissen nicht einmal genau welche. Zuletzt möchten wir auch noch darauf hinweisen, dass, selbst wenn sich die reellen Zahlen und einige Geometrie naturalisieren ließen, noch immer weite Teile der zeitgenössischen Mathematik von einer Naturalisierung ausgeschlossen blieben. Wir hatten schon in Abschn. 11.3 zum konkreten Strukturalismus aufgezeigt, dass manche mathematische Strukturen nicht realisierbar sind. Diese Strukturen sind erst recht nicht naturalisierbar. Wir sind der Überzeugung, dass gerade die Philosophie der Mathematik zeigt, dass eine naturalistische Metaphysik und Ontologie ungenügend ist.

Weitere Entwicklungen 13

Inhaltsverzeichnis

13.1 Konzeptualismus und Prädikativismus

Der Konzeptualismus ist eine aktuelle Position in der Philosophie der Mathematik, die durch den amerikanischen Mathematiker und Philosophen Nik Weaver (1969–) vertreten wird.[1] Diese Position steht in einem engen Zusammenhang zum Prädikativismus in den Grundlagen der Mathematik, auf den wir zunächst eingehen wollen.

Eine Definition wird imprädikativ genannt, wenn sie über eine Totalität generalisiert, zu der der definierte Gegenstand gehört. Ansonsten heißt eine Definition prädikativ. Zum Beispiel ist *Die kleinste natürliche Zahl, die nicht die Summe von höchstens drei Quadratzahlen ist* eine imprädikative Definition. Wir generalisieren über alle Quadratzahlen und damit über alle natürlichen Zahlen, zu denen auch die definierte Zahl gehört. In der modernen Mathematik finden sich unzählige imprädikative Definitionen mathematischer Gegenstände. So ist die axiomatische Definition einer Menge im Sinne des Systems von Zermelo-Fraenkel nicht prädikativ, siehe hierzu den Anhang (Kap. 14). Auch die gängigen Definitionen der natürlichen Zahlen durch das Induktionsprinzip und der reellen Zahlen durch das Supremumsprinzip sind imprädikativ. In der naiven Mengenlehre führen imprädikative Definitionen, wie etwa die Menge aller Mengen, die sich nicht selbst als Element enthalten, zu Widersprüchen, siehe hierzu auch Kap. 7. Eine Reihe prominenter Mathematiker wie Henri

---

[1] Auch wenn man seine eigentümliche Position nicht teilt, ist Weaver (2005) lesenswert.

© Springer-Verlag GmbH Deutschland, ein Teil von Springer Nature 2021   143
J. Neunhäuserer, *Einführung in die Philosophie der Mathematik*,
https://doi.org/10.1007/978-3-662-63714-2_13

Poincaré (1854–1912), Bertrand Russell (1872–1970), Hermann Weyl (1885–1955) und Solomon Feferman (1928–2016) haben daher versucht die Mathematik rein prädikativ aufzubauen, also auf imprädikative Definitionen zu verzichten.[2] Es hat sich dabei gezeigt, dass der Prädikativismus in der Mathematik erhebliche Nachteile mit sich bringt. Zum einen erschwert der Verzicht auf imprädikative Definitionen die mathematische Praxis, zum anderen lassen sich Teile der modernen Mathematik ohne imprädikative Definitionen nicht entwickeln. Nur wirklich gute Gründe könnten uns dazu veranlassen, auf solche Definitionen in der Mathematik zu verzichten. Paradoxien durch imprädikative Definitionen von Mengen werden durch die axiomatische Mengenlehre ausgeräumt. Uns sind keine Widersprüche in der zeitgenössischen Mathematik, die durch imprädikative Definitionen entstehen, bekannt. Wie Kurt Gödel festgestellt hat, sind imprädikative Definitionen unproblematisch, wenn wir davon ausgehen, dass die Gegenstände der Mathematik unabhängig von unseren Konstruktionen existieren. Es spricht nichts dagegen, dass Totalitäten existieren, die Gegenstände enthalten, die sich nur beschreiben lassen, indem wir uns auf die Totalität als Ganzes beziehen.[3]

   Nur ein Philosoph, der die Grundintuition hat, dass die Mathematik unsere Konstruktion ist, wird bereit sein, die Nachteile des Prädikativismus in Kauf zu nehmen. Nik Weaver scheint hierzu bereit zu sein. Sein Konzeptualismus in der Philosophie der Mathematik hat folgende Prämisse:

Eine Konstruktion eines mathematischen Gegenstandes ist dann und nur dann gültig, wenn sie konzeptionell definit ist, d.h. dass wir fähig sind, ein vollständiges klares mentales Bild davon zu haben, wie die Konstruktion vor sich geht.

Wir gehen davon aus, dass Weaver annimmt, dass nur mathematische Gegenstände existieren, für die es eine gültige Konstruktion gibt. Zumindest lehnt er die Annahme der Existenz von Mengen, die axiomatisch definiert und nicht konstruiert werden, ausdrücklich ab. In seinen Augen ist eine axiomatische Mengenlehre als Grundlage der Mathematik ungeeignet, auch wenn ihre Axiome intuitiv einleuchtend sind. Um die Existenz einer Menge zu sichern, benötigen wir ein vollständiges klares mentales Bild einer schrittweisen Konstruktion der Menge.

   Der Konstruktionsbegriff von Weaver unterscheidet sich erheblich vom Begriff der algorithmischen Konstruktion, den wir unseren Ausführungen in Kap. 10 zugrunde gelegt hatten. Eine konzeptionell klare Vorstellung einer mathematischen Konstruktion impliziert nicht, dass die Konstruktion durch eine Turing-Maschine vorgenommen werden kann oder auf eine andere Weise physikalisch realisierbar ist. Umkehrt impliziert die Existenz einer algorithmischen Konstruktion allerdings die Existenz einer konzeptionellen Konstruktion im Sinne von Weaver. Weaver ist der Meinung, dass sich der Großteil der zeitgenössischen Mathematik auf Gegenstände bezieht, die sich konzeptionell definit konstruieren lassen, und wir für die

---

[2]Siehe hierzu Poincaré (1906), Russell und Whitehead (1962), Weyl (1918) und Feferman (1998)
[3]Siehe hierzu den Aufsatz von Gödel in Benacerraf und Putnam (1983).

mathematische Praxis daher keine axiomatische Mengenlehre benötigen. Wir teilen diese Auffassung nicht. Bestimmte Gegenstände, deren Existenz das Potenzmengenaxiom und das Auswahlaxiom sichern, sind gewiss nicht im Sinne von Weaver konstruierbar, sie spielen jedoch in der zeitgenössischen Mathematik eine bedeutende Rolle, siehe hierzu auch Abschn. 7.5. Wir wollen hier darauf verzichten, diese Angelegenheit weiterzuverfolgen und bieten stattdessen noch eine philosophische Kritik am Konstruktionsbegriff, der dem Konzeptualismus zugrunde liegt, an. Vorstellungen und mentale Bilder sind per se mentale Gegenstände. Die Eigenschaften solcher Gegenstände, insbesondere ihre Klarheit und Deutlichkeit, können bekanntermaßen subjektiv sein. Ob eine Konstruktion eines mathematischen Gegenstandes konzeptionell definit ist, der Gegenstand also existiert, ist gemäß des Konzeptionalismus von Eigenschaften mentaler Gegenstände abhängig. Der Konzeptionalismus schließt demnach nicht aus, dass mathematische Existenzaussagen subjektive Aussagen sind und damit nichts weiter als einen Bericht einer Person über die eigenen mentalen mathematischen Vorgänge darstellen. Diese Konsequenz ist unannehmbar. Ein Vertreter des Konzeptionalismus muss also darlegen, warum und in welchem Sinne die Klarheit und Deutlichkeit der Vorstellung einer mathematischen Konstruktion kein rein subjektives mentales Phänomen ist. Wir sind der Überzeugung, dass es sich hier um ein schwerwiegendes philosophisches Problem handelt und Weaver erteilt uns keine Auskunft darüber, wie dieses Problem zu lösen ist. Dieses Problem ist uns schon einige Male begegnet. Der kritische Rationalismus, den wir im Abschn. 13.2 besprechen, schlägt eine Lösung des Problems der Subjektivität mentaler Konstruktionen vor.

13.2 Mathematik im kritischen Rationalismus

Der kritische Rationalismus ist ein einflussreiches philosophisches System der Moderne, das durch den österreichisch-amerikanischen Philosophen Karl Popper (1902–1994) entwickelt wurde. Die grundlegende Idee Poppers ist, dass Wissen nicht ein für allemal feststeht, sondern revidierbar ist, Wandlungen unterliegt und ständig kritisch geprüft werden sollte. Neben vielem anderen beinhaltet der kritische Rationalismus auch eine Philosophie der Mathematik, die wir hier vorstellen wollen.

Für die Ontologie der Mathematik ist Poppers Drei-Welten-Lehre ausschlaggebend.[4] Die erste Welt ist die physische Welt, in der physikalische Gegenstände, Ereignisse und Vorgänge beheimatet sind. Die zweite Welt beinhaltet die individuellen, subjektiven mentalen Vorgänge. Die dritte Welt ist die Welt der möglichen Gegenstände des Denkens, dies sind Kulturgegenstände wie Theorien aller Art, Mythen, Religionen und Kunstwerke. Die Gegenstände der Mathematik gehören für Popper zur Welt 3, sie sind demnach nicht physikalisch und nicht mental. So weit stimmt Poppers Position mit dem klassischen Platonismus in der Philosophie der Mathematik überein. Seine Position ist aber nur pseudo-platonisch, da er die Meinung vertritt,

---

[4]Siehe die Darstellung in Heller (2011).

dass die Welt 2 die Welt 3 hervorbringe. Es sind unsere mentalen Vorgänge, die die kulturellen Gegenstände schaffen. Wir bringen also mathematische Gegenstände hervor, die unabhängig von individuellen mentalen Vorgängen eine eigenständige Existenz in der Welt 3 gewinnen. Untersuchen wir nun mathematische Gegenstände in der Welt 3, so sind unsere Aussagen nicht subjektiv, sondern objektiv. Wir haben, als subjektive Individuen, gemeinsam eine objektive kulturelle Realität geschaffen. Betrachten wir als Beispiel die natürlichen Zahlen. Gemäß des kritischen Rationalismus haben wir die natürlichen Zahlen erfunden oder geschaffen, sie sind damit Teil der menschlichen Kultur. Wenn wir die so gegebenen natürlichen Zahlen untersuchen, stellen wir fest, dass sie unendlich viele Primzahlen enthalten und jede natürliche Zahl ein Produkt von Primzahlen ist. Dies sind objektive Aussagen über Gegenstände, die in der Welt 3 existieren. Wir hatten schon mehrfach gesehen, dass mentalistische Ansätze in der Philosophie der Mathematik ein Problem mit der Subjektivität individueller mentaler Vorgänge haben.[5] Dass Popper eine eigenständige Welt der Kulturgegenstände einführt, kann als Versuch verstanden werden, dieses Problem zu lösen.

In der Erkenntnistheorie des kritischen Rationalismus ist die Falsifikation und nicht die Verifikation von Aussagen grundlegend.[6] Eine Theorie der empirischen Wissenschaften, die richtige Voraussagen macht, ist eine gute Theorie. Sie wird aber durch Beobachtungen nie endgültig bestätigt, also verifiziert, da es immer möglich ist, eine Beobachtung zu machen, die den Voraussagen unserer Theorie widerspricht, diese also falsifiziert. Die Falsifikation einer Theorie führt zu ihrer Revision und Verbesserung und damit zu wissenschaftlichem Fortschritt. Für den kritischen Rationalismus ist die Falsifizierbarkeit einer Theorie notwendige Bedingung ihrer Wissenschaftlichkeit. Nun sind mathematische Theorien offenbar nicht durch empirische Befunde falsifizierbar. Es ist nur möglich eine axiomatisierte mathematische Theorie durch einen Widerspruch, der aus den Axiomen der Theorie folgt, zu falsifizieren. Sieht man von den Paradoxien, die aus einer naiven Mengenlehre folgen, ab, waren Falsifikationen mathematischer Theorien für den Fortschritt der Mathematik eher von untergeordneter Bedeutung. Nichtsdestotrotz wäre die Falsifikation eines zeitgenössischen Axiomensystems selbstverständlich ein einschneidendes Ereignis in der Geschichte der Mathematik.

Auf den ersten Blick erscheint uns Poppers Ontologie recht reizvoll. Wir genießen den Vorteil eines Gegenstandsbereiches der Mathematik, der weder mental noch physikalisch ist, ohne die starke Annahme der Existenz abstrakter Gegenstände im platonischen Sinne machen zu müssen. Betrachten wir die Angelegenheit jedoch genauer, stellen sich Zweifel ein, ob die Gegenstände der Mathematik tatsächlich kulturelle Dinge im weitesten Sinne sind. Theorien und insbesondere mathematische Theorien sind gewiss Teil der menschlichen Kultur. Dies bedeutet aber nicht, dass die Gegenstände, mit denen sich diese Theorien befassen, Teil der kulturellen

---

[5]Siehe hierzu Kap. 5 zu Kants Philosophie, Kap. 8 zu Brouwers Philosophie und auch den letzten Abschnitt dieses Kapitels.
[6]Siehe hierzu Popper (1993).

Wirklichkeit sind. Die Physik beschäftigt sich etwa mit der Welt 1 und die Psychologie mit der Welt 2, um in Poppers Terminologie zu sprechen. Dass sowohl die mathematischen Theorien, als auch die Gegenstände, mit denen sich diese beschäftigen, den gleichen ontologischen Status haben sollen, erscheint uns seltsam, ist aber wohl kein echtes Problem. Es ist vielmehr die Zeitlichkeit der Welt 3, die Poppers Philosophie der Mathematik angreifbar macht. Die kulturelle Wirklichkeit entsteht, wandelt sich und vergeht mit unserer Zivilisation, sie ist also zeitlich. Dies mag auch für mathematische Theorien gelten, ob es aber auch für Zahlen und andere Gegenstände der Mathematik gilt, ist fragwürdig. Auch wenn sich unsere Beschreibung der natürlichen Zahlen entwickelt hat, haben wir nicht den Eindruck, dass sich die natürlichen Zahlen mit der Zeit entwickelt oder verändert haben. Es ist uns vollkommen unmöglich, eine zeitliche Evolution der natürlichen Zahlen oder anderer Gegenstände der Mathematik zu beschreiben. Obwohl sich die zeitgenössische axiomatische Theorie der natürlichen Zahlen von der antiken Zahlentheorie in mancher Hinsicht unterscheidet, wüssten wir nicht, wie wir den Unterschied des Gegenstandsbereiches dieser Theorien denken sollen. Ein mathematischer Gegenstand scheint uns nicht die Art von Gegenstand zu sein, dem Veränderlichkeit und damit Zeitlichkeit zukommt.

Ein weiteres Problem der Philosophie der Mathematik des kritischen Rationalismus liegt darin, dass er keinen Wahrheitsbegriff für die Aussagen mathematischer Axiomensysteme zulässt. Die Gegenstände, die jedes dieser Systeme beschreibt, sind mit gleicher Berechtigung Teil der kulturellen Welt, solange das System nicht durch einen Widerspruch falsifiziert wurde. Zum Beispiel gibt es einen Teil der Welt 3, in der jede Menge endlich ist, und einen Teil dieser Welt, in dem es unendliche Mengen gibt. Einem Axiom, das die Existenz einer unendlichen Menge fordert (oder leugnet) kann damit kein Wahrheitswert zugesprochen werden. Wir sind diesem Problem bereits in Kap. 9 zum Formalismus begegnet.

Zuletzt möchten wir an dieser Stelle noch anmerken, dass viele forschende Mathematiker das Gefühl haben, neue mathematische Gegenstände zu entdecken und diese nicht zu erfinden. Die korrekte Beschreibung eines Gegenstandes, die ein Mathematiker grade entdeckt zu haben glaubt, kann ihm Probleme bereiten. Wären die mathematischen Dinge tatsächlich unsere Schöpfungen, so handelte es sich bei diesen Phänomenen um mentale Illusionen. Man kann dies behaupten, wir schrecken hiervor jedoch zurück und ziehen den klassischen Platonismus Poppers Pseudo-Platonismus vor.

13.3 Fiktionalismus

Der Fiktionalismus ist eine Position in der zeitgenössischen Philosophie der Mathematik, die durch den amerikanischen Philosophen Hartry Field (1946–) eingeführt und unter anderem durch den amerikanischen Philosophen Mark Balaguer (1964–)

und die britische Philosophin Mary Leng (1972–) weiter entwickelt wurde.[7] Die Grundannahmen des Fiktionalismus in der Philosophie der Mathematik können wir wie folgt formulieren:

(1) Mathematische Theorien und deren Aussagen beziehen sich auf abstrakte Gegenstände.
(2) Es gibt keine abstrakten Gegenstände.
(3) Die Aussagen mathematischer Theorien sind nicht wahr.

In Bezug auf die erste These stimmt ein Fiktionalismus mit einem Platonismus in der Philosophie der Mathematik überein, siehe hierzu Kap. 3. Die Mathematik behandelt demnach abstrakte Gegenstände, diese sind nicht Teil der mentalen oder der physikalischen Welt. Insbesondere sind die Gegenstände der Mathematik zeitlos. Alle platonischen Argumente, die dagegen sprechen, dass sich die Aussagen der Mathematik auf konkrete mentale oder physikalische Gegenstände beziehen, kann ein Funktionalist in der Philosophie der Mathematik übernehmen, siehe hierzu insbesondere Kap. 8 und 12. Mit der zweiten These lehnt der Fiktionalismus jedoch die platonische Ontologie mathematischer Gegenstände ab. Es ist diese metaphysische Annahme des Platonismus, die vielen Philosophen in der Moderne Unwohlsein bereitet. Die meisten Philosophen sind der Meinung, dass aus den ersten beiden Thesen des Fiktionalismus die dritte These folgt. Wenn die Gegenstände, auf die sich die Mathematik bezieht, nicht existieren, sind die Aussagen der Mathematik nicht im üblichen Sinne wahr. Auf den ersten Blick scheint dies offensichtlich zu sein, trotzdem akzeptieren manche Philosophen die ersten beiden Thesen des Fiktionalismus, weisen aber die dritte These zurück.[8] Hinter dieser Position steht eine deflationäre Konzeption der Wahrheit, in der Sätze wahr sein können, auch wenn sich die singulären Terme der Sätze nicht auf tatsächlich existierende Gegenstände beziehen. Wir werden diese Position nicht weiter berücksichtigen, da sie unserer semantischen Grundintuition und auch dem üblichen Sprachgebrauch widerspricht. Zu behaupten, der Satz *Die Erde ist rund* ist wahr, und gleichzeitig die Existenz der Erde zu bezweifeln, erscheint unsinnig. Genauso erscheint es unsinnig, an der Existenz der Zahl Sieben zu zweifeln und gleichzeitig zu behaupten, dass der Satz *Sieben ist eine Primzahl* wahr ist.

Es stellt sich nun die Frage, wie wir die Aussagen der Mathematik verstehen sollen, wenn sich diese nicht auf tatsächlich existierende Gegenstände beziehen und daher nicht wahr sind. Den Ausgangspunkt hierfür bildet eine Analogie zur literarischen Fiktion. Gewöhnlich gehen wir davon aus, dass Einhörner nicht existieren und die Aussagen in Theorien über Einhörner nicht wahr sind. Trotzdem lassen sich Geschichten über Einhörner erzählen, wie zum Beispiel: Es gibt weiße und schwarze Einhörner im Lande Kitemhtira. Wenn sich dort zwei Einhörner paaren, sind ihre Kinder nur dann schwarz, wenn beide Eltern schwarz sind, sonst sind die Kinder

---

[7] Siehe Field (1980), Balaguer (2009) und Leng (2010).
[8] Wir finden solch eine Position zum Beispiel in Azzouni (2010).

immer weiß. (Schwarze Einhörner paaren sich aus diesem Grunde übrigens nur selten mit weißen). Ähnlich verhält es sich in der Arithmetik. Wir finden dort gerade und ungerade natürliche Zahlen. Multiplizieren wir zwei natürliche Zahlen, ist das Ergebnis nur dann ungerade, wenn beide Zahlen ungerade sind. Man sollte die Analogie zwischen mathematischer und literarischer Fiktion aber nicht überbewerten. Im Rahmen einer literarischen Fiktion können die Aussagen *Das Produkt von zwei geraden Zahlen ist gerade* und *Das Produkt von zwei geraden Zahlen ist ungerade* gleichwertig sein, ein Mathematiker stellt jedoch fest, dass die erste Aussage wahr und die zweite Aussage falsch ist. Ein Vertreter des Fiktionalismus in der Philosophie der Mathematik behauptet jedoch, dass keine der beiden Aussagen wahr ist. Er muss, ohne den Begriff der Wahrheit zu verwenden, beschreiben, was eine mathematische Aussage zu einer „korrekten" oder „richtigen" Aussage macht, und auf diese Art den „Wert" mathematischer Aussagen unterscheiden.

Im formalistischen Fiktionalismus von Field ist ein mathematischer Satz fiktional korrekt und damit Teil der mathematischen Geschichte, genau dann, wenn er sich aus akzeptierten mathematischen Axiomen durch die Verwendung akzeptierter Regeln herleiten lässt. Der Fiktionalismus in dieser Form gibt uns keine Auskunft darüber, welche Axiome wir akzeptieren und welche zurückweisen sollen, schließlich ist kein Axiom wahr. Des Weiteren gibt es für einen Fiktionalisten keinen Grund, bei der Herleitung mathematischer Sätze ausschließlich logische Regeln zu berücksichtigen. Anhänger des Fiktionalismus können beliebige formale Regeln verwenden, um mathematische Sätze aus Axiomen abzuleiten. Der formalistische Fiktionalismus scheint uns daher eine Spielart des Formalismus in der Philosophie der Mathematik zu sein. Sätze, die keine Aussage über Gegenstände machen und keinen Wahrheitswert haben, sind nichts anderes als Formeln mit bestimmter syntaktischer Struktur. Formale Regeln, die nicht der Wahrheit dienen, bestimmen nur ein formales Spiel mit Sätzen. Wir hatten uns mit dem Formalismus in der Philosophie der Mathematik bereits in Kap. 9 auseinandergesetzt und wollen unsere Kritik an dieser Position hier nicht wiederholen.

Der Fiktionalismus von Balguer und auch von Lang hat einen anderen Ansatz als der von Field. Ein Satz ist im Sinne dieses Fiktionalismus korrekt, genau dann, wenn er unter der kontrafaktischen Bedingung, dass abstrakte mathematische Gegenstände existieren, wahr wäre. Die Mathematik ist für Lang ein Spiel, bei dem wir davon ausgehen, dass abstrakte Gegenstände, im Sinne des Platonismus, existieren. Diese Position ist verstörend. Wenn die Annahme der Existenz eines Gegenstandes in einer ausgereiften und fundierten Wissenschaft unverzichtbar ist, so ist dies doch ein guter Grund, die Existenz dieses Gegenstandes anzunehmen. Vielleicht ist dies sogar der einzige wissenschaftliche Grund, der die Annahme der Existenz eines Gegenstandes rechtfertigt. In der Astronomie ist die Annahme der Existenz der Planeten unverzichtbar. Dies ist ein guter Grund, die Existenz der Planeten anzunehmen. Der Fiktionalismus gibt implizit zu, dass die Annahme der Existenz abstrakter Gegenstände in der Mathematik unverzichtbar ist, leugnet aber trotzdem die Existenz solcher Gegenstände. Diese Position ist vielleicht nicht widersprüchlich, aber sie ist bizarr. Uns erscheint sie beinah so bizarr, wie eine Philosophie der Astronomie, die

die Existenz der Planeten als unabhängig von uns existierende physikalische Objekte leugnet.

Wir wollen hier noch ein Argument anfügen, das unserer Auffassung nach aufzeigt, dass wir den Platonismus in der Philosophie der Mathematik akzeptieren sollten, wenn wir davon ausgehen, dass die Mathematik über abstrakte Gegenstände im platonischen Sinne spricht:

(1) Wir sollten annehmen, dass die Aussagen, die wir vernünftig begründen können, wahr sind.

(2) Die Aussagen mathematischer Theorien lassen sich vernünftig begründen.

Aus (1) und (2) folgt: (3) Wir sollten annehmen, dass die Aussagen mathematischer Theorien wahr sind.

(4) Eine Aussage über einen Gegenstand, der nicht existiert, ist nicht wahr.

Aus (3) und (4) folgt: Wir sollten annehmen, dass die Gegenstände mathematischer Theorien existieren.

Nur ein hartgesottener Skeptiker wird die erkenntnistheoretische Norm in der ersten Voraussetzung dieses Arguments ablehnen. Fast alle Mathematiker werden die zweite Voraussetzung des Arguments akzeptieren. Unserem Begriff nach ist ein Mathematiker in seiner beruflichen Praxis tatsächlich damit beschäftigt, Aussagen mathematischer Theorien vernünftig zu begründen, indem er Sätze beweist. Wir fragen uns an dieser Stelle, ob ein Philosoph, der dies ernsthaft bestreitet, überhaupt zu einer vernünftigen Bezugnahme auf die Mathematik als Ganzes in der Lage ist. Seine Haltung ist mit Sicherheit schwer nachzuvollziehen. Zuletzt sei noch angemerkt, dass wir die Voraussetzung (4) des Arguments bereits zu Beginn dieses Abschnitts diskutiert haben.

Ausgehend davon, dass sich die Mathematik auf abstrakte Gegenstände bezieht, ist ein Platonismus in der Philosophie der Mathematik offenbar viel plausibler als ein Fiktionalismus. Wir sind daher überrascht, festzustellen, dass der Fiktionalismus in der zeitgenössischen Debatte der Philosophie der Mathematik viel prominenter als der Platonismus ist. Vielleicht liegt dies daran, dass derzeit Innovationen selbst in der Philosophie geschätzt und erwartet werden. Unsere Haltung ist in dieser Hinsicht eher konservativ.

13.4   Potentialismus

Die Ausgangsthese des Potentialismus in der Philosophie der Mathematik lautet:

Der Gegenstandsbereich der Mathematik, also das mathematische Universum, ist niemals vollständig gegeben, sondern entfaltet sich durch unsere mathematische Forschung mit der Zeit.

Die Idee des Potentialismus geht auf den griechischen Philosophen Aristoteles (384–322 v. Chr.) zurück, nach dem das Unendliche nur in dem Sinne existiert, dass einer

Zusammenfassung von Gegenständen immer neue Gegenstände hinzugefügt werden können. Die natürlichen Zahlen wären demnach potentiell unendlich, d.h., sie sind nicht als Ganzes gegeben, wir können aber eine gegebene Menge natürlicher Zahlen immer erweitern.[9] Der zeitgenössische mengentheoretische Potentialismus bezieht sich allerdings nicht auf die natürlichen Zahlen. Es geht vielmehr darum, dass das mengentheoretische Universum der Mathematik nie als Ganzes gegeben ist, sondern sich Stück für Stück durch unsere Forschung entfaltet. Aktuelle Beiträge zum Potentialismus in der Philosophie der Mathematik finden wir unter anderem bei dem amerikanischen Mathematiker und Philosophen Joel David Hamkins und dem norwegischen Philosophen Oystein Linnebo (1971–).[10] Diese gehen in ihrem Potentialismus davon aus, dass die Reichweite des gesamten mengentheoretischen Universums nur potentiell und nicht aktual existiert. Man kann stets neue Mengen nach Bedarf zum bekannten mengentheoretischen Universum hinzufügen, erhält aber auf diese Weise nie das gesamte mengentheoretische Universum. Dabei unterscheiden Hamkins und Linnebo drei Arten des mengentheoretischen Potentialismus, einen Höhen-Potentialismus, einen Breiten-Potentialismus und einen Potentialismus, der eine Erweiterung des mengentheoretischen Universums in Höhe und Breite erlaubt. Gemeint ist, dass eine Erweiterung des mengentheoretischen Universums um neue Ordinalzahlen eine Erweiterung seiner Höhe darstellt. Diese Art der Erweiterung hatte Aristoteles im Sinn. Die Erweiterung des mengentheoretischen Universums um neue Teilmengen unendlicher Mengen ist eine Erweiterung des Universums in der Breite. Hinter dieser Art der Erweiterung steht die Methode des sogenannten Forcing der zeitgenössischen Mengenlehre, die es erlaubt, neue Kardinalzahlen einzuführen.[11] In jedem Fall wird das mathematische Universum gemäß des Potentialismus durch mathematische Teiluniversen angenähert, wobei der Vorgang der Annäherung keinen Abschluss findet.

Kehren wir nun zur Ausgangsthese des Potentialismus zurück. Wir können dieser vorbehaltlos zustimmen, wenn wir sie erkenntnistheoretisch lesen. Mathematische Forschung schafft Wissen über das mathematische Universum, das sich Stück für Stück vor unserem geistigen Auge entfaltet. Es ist nicht davon auszugehen, dass dieser Vorgang jemals abgeschlossen sein wird und unser mathematisches Wissen vollständig ist. Die ontologische Position des Potentialismus scheint uns weniger klar zu sein. Ein Platonismus, der behauptet, dass das mathematische Universum aus abstrakten Gegenständen besteht und unabhängig von mentalen Vorgängen existiert, ist mit unserer erkenntnistheoretischen Lesart des Potentialismus vereinbar. Mathematische Forschung wäre aus der platonischen Perspektive eine endlose Entdeckungsreise in ein abstraktes Universum, das auch existieren würde, wenn wir diese Reise nicht unternähmen. Ob wir den mengentheoretischen Potentialismus von Hamkins und Linnebo so verstehen dürfen, ist bedauerlicherweise alles andere als offensichtlich. Auf der einen Seite sprechen Hamkins und Linnebo davon, dass die

---

[9]Siehe hierzu Aristoteles (2003).
[10]Siehe hierzu Hamkins und Oystein (2018), Hamkins (2018) und Linnebo (2013).
[11]Diese Angelegenheit ist recht technisch, wir verweisen auf Cohen (1966).

mathematischen Teiluniversen des Potentialismus als eigenständige Universen, die Teile eines mathematischen Multiversums sind, verstanden werden können. Diese Sichtweise legt eine platonische Ontologie nahe. Auf der anderen Seite existieren für Hamkins und Linnebo Mengen, die wir in unserer mathematischen Forschung noch nicht berücksichtigt haben, nur potentiell. Dies ist mit einer platonischen Ontologie unvereinbar und legt eine modale Ontologie nahe. Gemäß einer solchen Ontologie existieren mathematische Gegenstände erst dann aktual, wenn sie Eingang in unsere mathematischen Theorien gefunden haben. Solange dies nicht der Fall ist, existieren die Gegenstände der Mathematik nur als Möglichkeiten. Wir sind uns nicht sicher, ob Hamkins und Linnebo dies tatsächlich behaupten wollen. In jedem Fall folgt aus einer modalen Ontologie der Mathematik, dass die Gegenstände der Mathematik nicht unabhängig von mentalen Vorgängen existieren, da unsere mathematischen Theorien durch solche Vorgänge konstituiert werden. Ein Anhänger einer modalen Ontologie muss uns erklären, wie mentale Vorgänge dafür sorgen, dass mathematische Gegenstände, die nur als Möglichkeiten existieren, zu einem Teil der aktualen Realität werden. Eine Möglichkeit, dies zu tun, liegt darin, einen mathematischen Schöpfungsakt zu unterstellen, wie es der Intuitionismus tut. Durch unsere Kreationen würde demnach aus Möglichkeiten eine mathematische Realität geschaffen. Wir haben diese Position bereits in diesem Abschnitt und auch in Kap. 8 und auch im Abschn. 13.2 kritisch diskutiert. Man könnte auch auf die Idee kommen, dass ein Erkenntnisakt als Erklärung des Übergangs der Möglichkeit der Existenz eines mathematischen Gegenstandes in seine aktuale Existenz dienen kann. Dies ist aber nicht der Fall. Wir können nur die Möglichkeit der Existenz eines mathematischen Gegenstandes erkennen, der nicht aktual existiert. Die Erkenntnis der Möglichkeit der Existenz eines Gegenstandes allein ist aber nicht hinreichend, dessen Existenz zu sichern. Eine solche Erkenntnis zeigt gemäß der modalen Logik nur, dass es nicht notwendig ist, dass es den Gegenstand, nach dessen aktualer Existenz wir fragen, nicht gibt.

13.5   Kategorientheorie

Die Kategorientheorie ist für sich genommen keine Angelegenheit der Philosophie der Mathematik. Es handelt sich vielmehr um eine grundlegende mathematische Theorie, die in den letzten Jahrzehnten große Aufmerksamkeit genießt und unter Umständen für die Philosophie der Mathematik relevant werden könnte. In Lehrbüchern wird eine Kategorie üblicherweise folgendermaßen eingeführt:[12]

Gegeben ist eine Klasse von Objekten. Zu je zwei (nicht notwendigerweise verschiedenen) Objekten A, B existiert eine Menge von Morphismen **HOM**(A, B) von A nach B, die als Pfeile dargestellt werden. $f : A \rightarrow B$ bezeichnet also einen Morphismus von A nach B. Für drei Objekte A, B C und Morphismen $f : A \rightarrow B$ und $g : B \rightarrow C$ existiert ein zusammengesetzter Morphismus $g \circ f : A \rightarrow C$. Die

---

[12]Siehe hierzu zum Beispiel Brandenburg (2016).

Operation $\circ$ erfüllt das Assoziativgesetz $(f \circ g) \circ h = f \circ (g \circ h)$. Weiterhin existiert für jedes Objekt A ein identischer Morphismus $id_A : A \to A$, sodass $f \circ id_A = f$ und $f = id_B \circ f$ für alle Morphismen $f : A \to B$ gilt.

Die folgende Tabelle zeigt auf, wie universell Kategorien in der Mathematik sind:

Objekte	Morphismen
Mengen	Abbildungen
geordnete Mengen	monotone Abbildungen
Messräume	messbare Abbildungen
topologische Räume	stetige Abbildungen
topologische Räume	Homotopie-Äquivalenz
differenzierbare Mannigfaltigkeiten	glatte Abbildungen
Vektorräume	lineare Abbildungen
algebraische Strukturen (Gruppen, Ringe, Körper, Algebren)	Homomorphismen
Formeln	Implikationen

Es ist unumstritten, dass Kategorien die Mathematik systematisieren und vereinheitlichen. Sie sind ein wichtiges Mittel, um Verbindungen unterschiedlicher mathematischer Disziplinen aufzuzeigen und diese in Beweisen auszunutzen. Anwendung der Kategorientheorie finden wir unter anderem in der algebraischen Topologie, der homologischen und homotopischen Algebra und der zeitgenössischen algebraischen Geometrie. Nun stellt sich die Frage, inwieweit Kategorien in der Mathematik nicht nur nützlich, sondern sogar fundamental sind. Unsere Definition einer Kategorie greift auf den Mengenbegriff zurück, im Sinne dieser Definition sind Mengen fundamentaler als Kategorien. Kategorientheoretiker versuchen jedoch, in der Definition einer Kategorie auf den Mengenbegriff zu verzichten und die Mengenlehre innerhalb der Kategorientheorie aufzubauen und damit Kategorien als fundamentale Gegenstände der Mathematik zu etablieren.[13] Eine erweiterte Kategorientheorie ist wohl tatsächlich äquivalent zu der axiomatischen Mengenlehre von Zermelo und Fraenkel.[14] Trotzdem ist die kategorienheoretische Fundierung der Mathematik nicht unumstritten. Kategorientheoretiker sprechen in ihrer Definition von Ansammlungen *(collection)* von Pfeilen bzw. Morphismen. Es ist fragwürdig, ob diese Rede nicht implizit den Mengenbegriff voraussetzt. Wir können diese schwierige Frage hier allerdings nicht abschließend klären.

Sollte eine kategorientheoretische Fundierung der Mathematik glücken, ist diese von gewisser philosophischer Relevanz. In Kap. 11 zum Strukturalismus in der Philosophie der Mathematik fehlte uns eine axiomatische Definition einer Struktur, die nicht auf den Mengenbegriff zurückgreift. Wenn die Kategorientheorie eine solche Definition zur Verfügung stellt, müssten wir den platonischen Strukturalismus in Abschn. 11.2 und auch den eliminativen Strukturalismus in Abschn. 11.4 neu bewerten. Die These, dass die fundamentalen Gegenstände der Mathematik Strukturen in

---

[13] Dieser Ansatz geht auf Lawvere (1964) zurück.
[14] Siehe hierzu Lane and Moerdijk (1994) und McLarty (1992).

einem kategorientheoretischen Sinne sind, wäre plausibel. Vielleicht liegt der Grund dafür, dass uns eine kategorientheoretisch strukturalistische Fundierung der Mathematik unattraktiv zu sein scheint, nur in unserer Prägung durch den mengentheoretischen Formalismus. Selbstverständlich ist dies kein guter Grund, eine alternative Fundierung der Mathematik abzulehnen.

Anhang: Mengenlehre

Wir geben in diesem Anhang eine kurze Einführung in die Mengenlehre, die eine Grundlage der modernen Mathematik darstellt. Details findet der Leser zum Beispiel in Deiser (2010). Eine Menge, im Sinne der naiven Mengenlehre, ist eine wohlbestimmte Zusammenfassung von wohlunterschiedenen Objekten unseres Denkens oder unserer Anschauungen zu einem Ganzen.[1]

Mengen sind durch ihre Elemente eindeutig bestimmt. Ist A eine Menge, so bedeutet $x \in A$, dass x ein Element der Menge A ist und $x \notin A$ heißt, dass x nicht in A ist. Zwei Mengen A und B sind gleich genau dann, wenn sie die gleichen Elemente haben, d. h., x ist in A genau dann, wenn $x \in B$. Die leere Menge wird mit $\emptyset$ bezeichnet, sie enthält keine Elemente, also $x \notin \emptyset$ für alle x.

Eine Menge kann durch die Aufzählung der Elemente gegeben werden, etwa $A = \{1, 2, 3\}$ oder $B = \{1, 3, 5\}$. Ist P ein Prädikat, das sich auf einen Gegenstandsbereich U, der eine Menge ist, bezieht, so ist

$$C = \{x \in U \mid P(x)\}$$

eine Menge. Siehe Abschn. 6.4 für eine Einführung in die Prädikatenlogik. Betrachten wir zum Beispiel das Prädikat

$$P(x) : \ x \text{ ist eine Primzahl,}$$

auf den natürlichen Zahlen $\mathbb{N}$, so ist

$$C = \{x \in \mathbb{N} \mid P(x)\} = \{2, 3, 5, 7, 11, 13, \ldots\}$$

die Menge aller Primzahlen.

---

[1] Diese Definition geht auf den Begründer der Mengenlehre Georg Cantor (1845–1918) zurück.

© Springer-Verlag GmbH Deutschland, ein Teil von Springer Nature 2021
J. Neunhäuserer, *Einführung in die Philosophie der Mathematik*,
https://doi.org/10.1007/978-3-662-63714-2_14

Die Vereinigung zweier Mengen A und B ist

$$A \cup B := \{x \,|\, x \in A \text{ oder } x \in B\},$$

und der Schnitt der Mengen ist

$$A \cap B := \{x \,|\, x \in A \text{ und } x \in B\}.$$

Betrachten wir obige Beispiele, erhalten wir $A \cup B = \{1, 2, 3, 5\}$ und $A \cap B = \{1, 3\}$ sowie $C \cap A = \{2, 3\}$ und $C \cup B = \{1, 2, 3, 5, 7, 11, 13, \ldots\}$. Die Ausdrücke

$$\bigcup_{i \in I} A_i, \qquad \bigcap_{i \in I} A_i$$

bezeichnen die Vereinigung bzw. den Schnitt von Familien von Mengen. I ist hier eine Indexmenge, sodass für jedes $i \in I$ eine zugehörige Menge A_i existiert. Betrachten wir zum Beispiel

$$G = \bigcup_{i \in \mathbb{N}} \{2i\} \text{ und } N = \bigcap_{i \in \mathbb{N}} \{2i\}$$

mit der Indexmenge $\mathbb{N}$ der natürlichen Zahlen, so ist G die Menge der geraden Zahlen und N ist die leere Menge.

   Eine Menge A ist eine Teilmenge einer Menge B (in Zeichen $A \subseteq B$), wenn alle x aus A auch in B sind. Die leere Menge ist Teilmenge jeder Menge. Die Menge aller Teilmengen von B ist die Potenzmenge von B.

$$P(B) = \{A \mid A \subseteq B\}.$$

Ist zum Beispiel $B = \{1, 3, 5\}$, so erhalten wir

$$P(B) = \{\emptyset, \{1\}, \{3\}, \{5\}, \{1, 3\}, \{1, 5\}, \{3, 5\}, \{1, 3, 5\}\}.$$

Der Mengenbegriff der naiven Mengenlehre führt zu Widersprüchen. Gehen wir davon aus, dass die Menge aller Mengen, die sich nicht selbst als Element enthalten, also $A = \{x \,|\, x \notin x\}$, eine Menge ist, so ist x genau dann Element von A, wenn x nicht Element von A ist. Dies ist die Russel'sche Antinomie, auf die wir in Abschn. 7.4 eingehen. Um Widersprüche zu vermeiden, führt man heute den Begriff der Menge axiomatisch ein. Wir stellen hier das System von Zermelo und Fraenkel vor, das heute zum Standard in den Grundlagen der Mathematik geworden ist und aus folgenden Axiomen besteht:

1. Extensionalitätsaxiom: Mengen sind genau dann gleich, wenn sie dieselben Elemente enthalten.
2. Leermengenaxiom: Es gibt eine Menge ohne Elemente.
3. Paarmengenaxiom: Für alle A und B gibt es eine Menge C, die genau A und B als Elemente hat.

4. Vereinigungsaxiom: Für jede Menge A gibt es eine Menge $B =: \bigcup A$, die genau die Elemente der Elemente von A als Elemente enthält. Die Vereinigung von zwei Mengen A und B definiert man damit als $\bigcup\{A, B\}$.

5. Unendlichkeitsaxiom: Es gibt eine induktive Menge, die die leere Menge und mit jedem Element x auch die Menge $x \cup \{x\}$ enthält.

6. Potenzmengenaxiom: Für jede Menge A gibt es eine Menge P, deren Elemente genau die Teilmengen von A sind.

7. Fundierungsaxiom: Jede nichtleere Menge A enthält ein Element B, so dass A und B disjunkt sind.

8. Aussonderungsaxiom: Ist P ein Prädikat, so gilt: Zu jeder Menge A existiert eine Teilmenge B von A, die genau die Elemente x von A enthält, auf die P zutrifft, für die $P(x)$ also wahr ist.

9. Ersetzungsaxiom: Ist A eine Menge und wird jedes Element von A eindeutig durch eine beliebige Menge ersetzt, so ist das Ergebnis eine Menge.

Häufig wird dieses Axiomensystem um folgendes Axiom erweitert:

10. Auswahlaxiom: Ist A eine Menge von paarweise disjunkten nichtleeren Mengen, dann gibt es eine Menge, die genau ein Element aus jedem Element von A enthält.

Auf die besondere Rolle des Auswahlaxioms gehen wir insbesondere in Abschn. 7.5 genauer ein. In der Philosophie der Mathematik werden die Existenzaussagen der Axiome 5, 6 und 10 zuweilen bestritten.

Wir wollen hier noch die mengentheoretische Definition von Relationen und Funktionen angeben, die wir in diesem Buch oftmals voraussetzen. Sind A und B Mengen und $a \in A$ sowie $b \in B$, so ist das geordnete Paar (a, b) von a und b definiert als

$$(a, b) = \{\{a\}, \{a, b\}\}.$$

Man definiert Paare in dieser Weise, um zu gewährleisten, dass

$$(a, b) = (c, d) \Leftrightarrow a = c \text{ und } b = d.$$

Die Menge aller geordneten Paare ist das kartesische Produkt

$$A \times B = \{(a, b) \mid a \in A, b \in B\}.$$

Hierzu ein Beispiel. Das kartesische Produkt von $A = \{1, 2\}$ und $B = \{1, 2, 3\}$ ist $A \times B = \{(1, 1), (1, 2), (1, 3), (2, 1), (2, 2), (2, 3)\}$.

Eine Relation R zwischen zwei Mengen A und B ist eine Teilmenge des kartesischen Produkts von A und B, $R \subseteq A \times B$. Dabei steht $a \in A$ in Relation zu $b \in B$, symbolisch geschrieben aRb, wenn $(a, b) \in R$ ist. Zum Beispiel ist $R = \{(0, 1), (1, 2), (1, 3)\}$ eine Relation zwischen den Mengen $\{0, 1\}$ und $\{0, 1, 2, 3\}$

mit $0R1$, $1R2$ und $1R3$. Eine zweistellige Relation auf einer Menge A ist eine Teilmenge von $A^2 = A \times A$ und eine n-stellige Relation auf einer Menge A ist eine Teilmenge des kartesischen Produkts $A^n = A \times \cdots \times A$. Zum Beispiel bildet Identität $=$ auf einer Menge A eine Relation mit $R = \{(a, a) | a \in A\} \subseteq A^2$.

Eine Funktion oder Abbildung $f : A \to B$ ist eine Relation zwischen einer Menge A und einer Menge B, $f \subseteq A \times B$, für die gilt:

1. Für alle $x \in A$ gibt es ein $y \in B$ mit $(x, y) \in f$ (linkstotal)
2. $(x, y_1), (x, y_2) \in f$ impliziert $y_1 = y_2$ (rechtseindeutig).

Für $(x, y) \in f$ schreibt man gewöhnlich $f(x) = y$. Hierzu ein Beispiel. Sei $A = \{0, 1\}$ und $B = \{a, b\}$. $f = \{(0, a), (1, a)\}$ definiert eine Funktion $f : A \to B$ mit $f(0) = a$, $f(1) = a$, $f(A) = \{a\}$.

Eine Funktion $f : A \to B$ ist surjektiv bzw. rechtstotal wenn $f(A) = B$ gilt. Die Funktion ist injektiv bzw. linkseindeutig, wenn $(x_1, y), (x_2, y) \in f$ bzw. $f(x_1) = f(x_2)$ die Identität $x_1 = x_2$ impliziert. Ist f injektiv und surjektiv, so ist die Funktion bijektiv bzw. umkehrbar. Ist f umkehrbar, so ist die Umkehrfunktion $f^{-1} : B \to A$ durch

$$f^{-1} = \{(y, x) \in B \times A \mid (x, y) \in f\}$$

gegeben. Es gilt $f^{-1}(y) = x$ genau dann, wenn $f(x) = y$. Zum Beispiel ist die Abbildung $f(x) = x + 1$ auf den natürlichen Zahlen $\mathbb{N}$ surjektiv, aber nicht injektiv, da $f(\mathbb{N}) = \{2, 3, 4, 5, 6, \ldots, \}$. Auf den ganzen Zahlen $\mathbb{Z}$ ist diese Abbildung bijektiv mit $f^{-1}(x) = x - 1$. Die Abbildung $f(x) = 1$ ist auf den natürlichen Zahlen weder injektiv noch surjektiv. Dies ist sie nur auf der Menge $\{1\}$.

Literatur

Aczel, P., Rathjen, M.: Notes on Constructive Set Theory, Report No. 40, Royal Swedish Academy of Sciences, Stockholm (2001)

Aristoteles: metaphysik. Akademie, Berlin (2003)

Armstrong, D.M.: A World of States of Affairs. Cambridge University Press, Cambridge (1997)

Azzouni, J.: Talking About Nothing: Numbers, Hallucinations, and Fictions. Oxford University Press, Oxford (2010)

Balaguer, M.: Platonism and Anti-Platonism in Mathematics. Oxford University Press, New York (1998)

Balaguer, M.: Fictionalism, theft, and the story of mathematics. Philos. Math. 17, 131–162 (2009)

Barrett, J.A., Byrne, P. (Hrsg.): The Everett Interpretation of Quantum Mechanics: collected Works with Commentary. Princeton University Press, Princeton (2012)

Barrow, J.D.: New Theories of Everything the Quest for Ultimate Explanation. Oxford University Press, Oxford (2007)

Basieux, P.: Die Top Seven der mathematischen Vermutungen. rororo, Reinbek bei Hamburg (2004)

Bauer, H.: Maß- und Integrationstheorie. de Gruyter, Berlin (1998)

Benacerraf, P.: What numbers could not be. Philos. Rev. 74, 47–73 (1965)

Benacerraf, P., Putnam, H. (Hrsg.): Philosophy of Mathematics: selected Readings. Cambridge University Press, Cambridge (1983)

Bishop, E.: Foundations of Constructive Analysis. Academic, New York (1967)

Blum, E., Blum, P., Leinkauf, T. (Hrsg.): Marsilio Ficino: traktate zur Platonischen Philosophie. Akademie, Berlin (1993)

Bohse, H., Rosenkranz, S.: Einführung in die Logik. Metzler, Stuttgart (2006)

Boolos, G.: Logic, Logic, and Logic. Harvard University Press, Cambridge (1998)

Brandenburg, M.: Einführung in die Kategorientheorie. Springer Spektrum, Berlin, Heidelberg (2016)

Brouwer, L.: Leven, kunst en mystiek. J. Waltman Jr., Delft (1905)

Brouwer, L.: De onbetrouwbaarheid der logische principes. Tijdschr. Wijsbegeerte 2, 152–158 (1908)

Brouwer, L.: Über Abbildung von Mannigfaltigkeiten. Math. Ann. 71, 97–115 (1910)

Brouwer, L.: Beweis der Invarianz der Dimensionenzahl. Math. Ann. 70, 161–165 (1911a)

Brouwer, L.: Beweis des Jordan'schen Satzes für den n-dimensionalen Raum. Math. Ann. 71, 314–319 (1911b)

Brouwer, L.: Essentially negative properties. Indagationes Math. 322–323 (1948)

Burgess, J., Rosen, G.: A Subject with No Object. Oxford University Press, Oxford (1997)

© Springer-Verlag GmbH Deutschland, ein Teil von Springer Nature 2021
J. Neunhäuserer, *Einführung in die Philosophie der Mathematik*,
https://doi.org/10.1007/978-3-662-63714-2

Burton, D.M.: The History of Mathematics/An Introduction. McGraw-Hill, New York (2011)

Calude, C.S., Dinneen, M.J.: Exact approximations of omega numbers. Int. J. Bifur. Chaos 17, 1937–1954 (2007)

Carnap, R.: Logische Syntax der Sprache. Springer, Wien (1934)

Chiang, A.C., Wainwright, K.: Fundamental Methods of Mathematical Economics. McGraw-Hill, New York (2005)

Church, A.: An unsolvable problem of elementary number theory. Am. J. Math. 58, 345–363 (1936)

Cohen, P.J.: Set Theory and the Continuum Hypothesis. W. A. Benjamin, New York (1966)

Cooper, S.B.: Computability Theory. Chapman und Hall, London (2004)

Curry, H.: A formalization of recursive arithmetic. Am. J. Math. 63, 263–282 (1941)

de Spinoza, B.: Ethik. epubli, Berlin (2017)

Dedekind, R.: Stetigkeit und irrationale Zahlen. Vieweg, Braunschweig (1872)

Dedekind, R.: Was sind und was sollen die Zahlen? Vieweg, Braunschweig (1880)

Deiser, O.: Einführung in die Mengenlehre. Springer, Heidelberg (2010)

Descartes, R.: Abhandlung über die Methode. epubli., Berlin (2017)

Descartes, R.: Meditationes de Prima Philosophia/Meditationen über die Erste Philosophie. Reclam, Ditzingen (2018)

Diaconescu, R.: Axiom of choice and complementation. Proc. Am. Math. Soc. 51, 176–178 (1975)

Eccles, J., Popper, K.: Das Ich und sein Gehirn. Piper, München (1997)

Erdös, P.: Some remarks on set theory IV. Michigan Math. J. 2 169–173 (1953–1954)

Faltings, G.: The Proof of Fermats last theorem by R. Taylor and A. Wiles. Not. AMS 42, 743–746 (1995)

Feferman, S.: In the Light of Logic. Oxford University Press, Oxford (1998)

Field, H.: Science Without Numbers. Princeton University Press, Princton (1980)

Fischer, N. (Hrsg.): Kant und der Katholizismus. Stationen einer wechselhaften Geschichte. Herder Verlag, Freiburg (2005)

Frege, G.: Die Grundlagen der Arithmetik. Eine logisch mathematische Untersuchung über den Begriff der Zahl. Wilhelm Koebner, Breslau (1884a)

Frege, G.: Die Grundlagen der Arithmetik: eine logisch-mathematische Untersuchung über den Begriff der Zahl. Reclam, Leipzig (1884b)

Frege, G.: Grundgesetze der Arithmetik. Hermann Pohle, Jena (1893)

Gabriel, G., Hermes, H., Kambartel, F., Thiel, C., Veraart, A.: Frege: Wissenschaftlicher Briefwechsel, Hamburg (1976)

Gentzen, G.: Die Widerspruchsfreiheit der reinen Zahlentheorie. Math. Ann. 112, 493–565 (1936)

Gödel, K.: Eine Interpretation des intuitionistischen Aussagenkalküls, reproduced and translated with an introductory note by A. S. Troelstra in Gödel 1986, 296–304 (1933)

Gödel, K.: The Consistency of the Continuum-Hypothesis. Princeton University Press, Princeton (1940)

Goodman, N.D., Myhill, J.: Choice Implies Excluded Middle. Z. für Math. Logik Grundlagen Math. 24, 461 (1978)

Goodman, N., Quine, W.V.: Steps towards a constructive nominalism. J. Symbolic Logic 12, 97–122 (1947)

Hale, B., Crispin, W.: The Reasons Proper Study: essays towards a Neo-Fregean Philosophy of Mathematics. Oxford University Press, New York (2001)

Hamkins, J.D., Oystein, L.: The modal logic of set-theoretic potentialism and the potentialist maximality principles. arXiv:1708.01644 (2018)

Hamkins, J.D.: The modal logic of arithmetic potentialism and the universal algorithm. arxiv:1801.04599 (2018)

Hamkins, J.D.: The set-theoretic multiverse. Rev. Symb. Log. 5(3), 416–449 (2012)

Heck, R.: Reading Freges Grundgesetze. Clarendon, Oxford (2012)

Hegel, G.W.F.: Werkausgabe. Surkamp, Frankfurt a. M. (1970)

Heitsch, E. (Hrsg.): Xenophanes: Die Fragmente. Akademie, Berlin (2014)

Heller, M.: Philosophy in Science: an Historical Introduction. Springer, New York (2011)

Hellman, G.: Mathematics Without Numbers. Oxford University Press, Oxford (1989)

Heuser, H.: Gewöhnliche Differentialgleichungen: einführung in Lehre und Gebrauch. Vieweg+Teubner, Wiesbaden (2009)

Heyting, A.: Die formalen Regeln der intuitionistischen Logik. Sitzungsberichte der Preussischen Akademie der Wissenschaften. Physikalisch-mathematische Klasse, 42–56 (1930)

Hilbert, D.: Neubegründung der Mathematik: erste Mitteilung. Abhandlungen aus dem Seminar der Hamburgischen Universität 1, 157–177 (1922)

Hilbert, D.: Die Grundlagen der Mathematik. Abhandlungen aus dem Seminar der Hamburgischen Universität 6, 65–85 (1928)

Hilbert, D.: Die Grundlegung der elementaren Zahlenlehre. Math. Ann. 104, 485–494 (1931)

Hilbert, D., Bernays, P.: Grundlagen der Mathematik 1+2. Springer, Berlin (1934/1939)

Hilbert, D.: Gesammelte Abhandlungen, Bd. 3. Springer, Berlin (1935)

Hoffmann, P.: Der Mann der die Zahlen liebte. Ullstein, Berlin (1999)

Hoffmann D. W.: Theoretische Informatik. Carl Hanser Fachbuchverlag, München (2011)

Hübener, W.: Ockham's Razor not mysterious. Arch. Begriffsgeschichte 27, 73–92 (1983)

Hume, D.: A Treatise of Human Nature. Meiner, Hamburg (1989)

Johannson, I.: Der Minimalkalkül, ein reduzierter intuitionistischer Formalismus. Compos. Math. 4, 119–136 (1936)

Kant: Ausgabe der Preußischen Akademie der Wissenschaften. de Gruyter, Berlin (1900–1908), Nachdr (1962)

Kaye, R.: Models of Peano Arithmetic. Oxford University Press, Oxford (1991)

Keil, G., Schnädelbach, H. (Hrsg.): Naturalismus. Philosophische Beiträge. Suhrkamp, Frankfurt (2000)

Kleene, S.C.: Introduction to Metamathematics. North-Holland Publishing Company, Amsterdam (1991)

Kolman, E., Yanovskaya, S.: Hegel & Mathematics. In: Yanovskaya, S. (Hrsg. 1983) Marx's Mathematical Manuscripts. New Park Publications, London (1931)

Kuhn, W.: Ideengeschichte der Physik: eine Analyse der Entwicklung der Physik im historischen Kontext. Springer Sektrum, Heidelberg (2016)

Kunen, K.: Set Theory: An Introduction to Independence Proofs. North-Holland, Elsevier, Amsterdam (1980)

Laertios, D.: Leben und Lehre der Philosophen (Aus dem Griechischen von Fritz Jürss). Reclam, Ditzingen (2009)

Lane, S.M., Moerdijk, I.: Sheaves in Geometry and Logic: a First Introduction to Topos Theory. Springer, New York (1994)

Lawvere, W.: An elementary theory of the category of sets. Proc. Natl. Acad. Sci. U.S.A 52, 1506–1511 (1964)

Leibniz, G.W.: Monadologie. Contumax, Berlin (2017)

Leibniz G.W.: Sämtliche Schriften und Briefe. De Gruyter Akademie, Berlin (2019)

Leng, M.: Mathematics and Reality. Oxford University Press, Oxford (2010)

Linnebo, O.: Structuralism and the notion of dependence. Philos. Q. 58, 59–79 (2008)

Linnebo, O.: The potential hierarchy of sets. Rev. Symbolic Logic 6(2), 205–228 (2013)

Loewenthal, E. (Hrsg,), Platon (Autor): sämtliche Werke in drei Bänden. Schneider, Darmstadt (2014)

Ludwig, G.: Einführung in die Grundlagen der theoretischen Pyhsik. Viewg, Wiesnaden (1985)

Maddy, P.: Naturalism in Mathematics. Clarendon, Oxford (1997)

Maddy, P.: A Naturalistic look at logic. Proc. Addresses APA 76, 61–90 (2002)

Mandelbrot, B.B.: Die Fraktale Geometrie der Natur. Springer, Basel (2014)

Mansfeld, J.: Die Vorsokratiker I. Reclam, Ditzingen (1986)

Markov, A.A.: Theory of algorithms. Trudy Mat. Istituta imeni V. A. Steklova, Lenningrad (1954)

Martin-Löf, P.: An intuitionistic theory of types: predicative part. In: Rose, H.E., Shepherdson, J.C. (Hrsg.) Logic Colloquium. North-Holland, Amsterdam (1973)

Matijassewitsch, Y.: Hilberts 10th Problem. The MIT Press, Cambridge, Massachusetts (1993)

McLarty, C.: Elementary Categories, Elementary Toposes. Oxford University Press, Oxford (1992)

Mill, J.S.: A System of Logic. Forgotten Books, London (1843)

Mines, R., Richman, F., Ruitenburg, W.: A Course in Constructive Algebra. Springer, Heidelberg (1988)

Mohr, P.J., Taylor, B.N., Newell, D.B.: CODATA recommended values of the fundamental physical constants. Rev. Mod. Phys. 80(2), 633–730 (2008)

Mollweide K.B., Lorenz, J.F.: Euklid. ChiZine Publications, Toronto (2017)

Monk, D.: Mathematical Logic. Springer, Berlin (1976)

Nagel, E., Newman, J.R.: Der Gödelsche Beweis. Oldenburg, Scientia Nova (2003)

Neunhäuserer, J.: Mathematische Begriffe in Beispielen und Bilder. Springer Spektrum, Berlin, Heidelberg (2017)

Neunhäuserer, J.: Schöne Sätze der Mathematik. Springer Spektrum, Berlin, Heidelberg (2015)

Neunhäuserer, J.: Mathematische Begriffe in Beispielen und Bilder. Springer Spektrum, Berlin, Heidelberg (2017)

Newton, I.: Mathematische Grundlagen der Naturphilosophie. Academia, Sankt Augustin (2016)

Parsons, C.: Freges theory of number. In: Black, M. (Hrsg.) Philosophy in America. Cornell University Press, New York (1965)

Parsons, C.: Platonism and mathematical intuition in Kurt Gödel's thought. Bull. Symbolic Logic 1, 44–74 (1995)

Peano, G.: Arithmetices principia, nova methodo exposita. Fratres Bocca, Turin (1889)

Penrose, R.: Computerdenken. Spektrum, Heildelberg/Berlin (2002)

Picado, J., Pultr, A.: Frames and Locales: topology Without Points. Birkhäuser, Basel (2011)

Pinkard, T.: Hegel's philosophy of mathematics. Philos. Phenomenol. Res. 41(4), 452–464 (1981)

Poincaré, H.: Les Mathématiques et la Logique. Revue de Metaphysique et de Morale 14, 294–317 (1906)

Pollok, K.: Die Vereinten Nationen im Lichte Immanuel Kants Schrift Zum ewigen Frieden, Sic et Non (1996)

Popper, K.R.: What is dialectic. Mind 49(196), 403–426 (1940)

Popper, K.: Objektive Erkenntnis. Hoffmann und Campe, Hamburg (1993)

Putnam, H.: Philosophy of Logic. Harper Torch Books, New York (1971)

Quine, W.V.O.: Set Theory and Its Logic. Harvard University Press, Cambridge (1963)

Quine, W.V.O.: Theories and Things. Harvard University Press, Cambridge (1981)

Quine, W.V.O.: Pursuit of Truth. Harvard University Press, Cambridge (1990)

Quine, W.V.O.: From Stimulus to Science. Harvard University, Cambridge (1995)

Rautenberg, W.: Einführung in die mathematische Logik. Vieweg+Teubner, Wiesbaden (2008)

Resnik, M.: Mathematics as a Science of Patterns. Oxford University Press, Oxford (1997)

Rosenthal-Schneider, I.: Begegnungen mit Einstein, von Laue und Planck. Vieweg, Braunschweig/Wiesbaden (1988)

Russell, B., Whitehead, A.N.: Principia Mathematica. Cambridge University Press, Cambridge (1962)

Russel, B.: Philosophie des Abendlandes. Anaconda Verlag, Köln (2017)

Schechter, E.: Handbook of Analysis and its Foundations. Academic Press Inc., London (1997)

Schelling, F.W.: Cotta, Stuttgart (1856–1861)

Schlegel, F.: Kritische Ausgabe seiner Werke, Paderborn (1958 ff.)

Shapiro, S.: Philosophy of Mathematics: Structure and Ontology. Oxford University Press, New York (1997)

Shapiro, S. (Hrsg.): The Oxford Handbook of Philosophy of Mathematics and Logic. Oxford University Press, Oxford (2007)

Sierpinski, W.: Cardinal and Ordinal Numbers. Polish Scientific Publishers, Warschau (1965)

Specker, E.: Nicht konstruktiv beweisbare Sätze der Analysis. J. Symbolic Logic 14, 145–158 (1949)

Stegmüller, W. (Hrsg.): Das Universalien-Problem. WBG, Darmstadt (1978)

Störig, H.J.: Kleine Weltgeschichte der Philosophie. Kohlhammer, Stuttgart (2016)

Tennant, N.: Natural Logicism Via the Logic of Orderly Pairing, in Logicism, Intuitionism, Formalism: what has Become of Them? Springer, Synthese Library (2009)

Troelstra, A.S., van Dalen, D.: Constructivism I and II. North-Holland, Amsterdam (1988)

Turing, A.: On Computable Numbers, with an Application to the Entscheidungsproblem. Proc. Lond. Math. Soc. Ser. 2(42), 230–265 (1936)

van Atten, M.: Brouwer meets Husserl (On the Phenomenology of Choice Sequences). Springer, Dordrecht (2007)

van Dahlen, D.: Mystic, Geometer, and Intuitionist: The Life of L. E. J. Brouwer. Clarendon Press, Oxford (1999)

Weaver, N.: Mathematical Conceptualism. arXiv:math/0509246 (2005)

Weyl, H.: Das Kontinuum, Verlag von Veit und Comp., Leipzig (1918)

Wigner, E.: The unreasonable effectiveness of mathematics in the natural sciences. Commun. Pure Appl. Math. 13, 1–14 (1960)

Wittgenstein, L.: Philosophical Grammar. Blackwell, Oxford (1975)

Wittgenstein, L.: Philosophical Grammar. Blackwell, Oxford (1975)

Woddin, W.H.: The Continuum Hypothesis I/II, Notices AMS, Bd. 48, Nr. 6/7 (2001)

Wright, C.: Freges Conception of Numbers as Objects. Aberdeen University Press, Aberdeen (1983)

Zalta, E.: Natural Numbers and Natural Cardinals as Abstract Objects: a Partial Reconstruction of Freges Grundgesetze in Object Theory. J. Philos. Logic 28(6), 619–660 (1999)

Zalta E.N. (Hrsg): The Stanford Encyclopedia of Philosophy (2017 Edition), Stanford University, Stanford. https://plato.stanford.edu/ (2017)

Personenverzeichnis

© Springer-Verlag GmbH Deutschland, ein Teil von Springer Nature 2021
J. Neunhäuserer, *Einführung in die Philosophie der Mathematik*,
https://doi.org/10.1007/978-3-662-63714-2

Stichwortverzeichnis

© Springer-Verlag GmbH Deutschland, ein Teil von Springer Nature 2021
J. Neunhäuserer, *Einführung in die Philosophie der Mathematik*,
https://doi.org/10.1007/978-3-662-63714-2

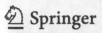
Springer

Willkommen zu den Springer Alerts

- Unser Neuerscheinungs-Service für Sie:
  aktuell *** kostenlos *** passgenau *** flexibel

Springer veröffentlicht mehr als 5.500 wissenschaftliche Bücher jährlich in gedruckter Form. Mehr als 2.200 englischsprachige Zeitschriften und mehr als 120.000 eBooks und Referenzwerke sind auf unserer Online Plattform SpringerLink verfügbar. Seit seiner Gründung 1842 arbeitet Springer weltweit mit den hervorragendsten und anerkanntesten Wissenschaftlern zusammen, eine Partnerschaft, die auf Offenheit und gegenseitigem Vertrauen beruht.

Die SpringerAlerts sind der beste Weg, um über Neuentwicklungen im eigenen Fachgebiet auf dem Laufenden zu sein. Sie sind der/die Erste, der/die über neu erschienene Bücher informiert ist oder das Inhalts-verzeichnis des neuesten Zeitschriftenheftes erhält. Unser Service ist kostenlos, schnell und vor allem flexibel. Passen Sie die SpringerAlerts genau an Ihre Interessen und Ihren Bedarf an, um nur diejenigen Information zu erhalten, die Sie wirklich benötigen.

Mehr Infos unter: springer.com/alert

Printed in the United States
by Baker & Taylor Publisher Services